隨園食單

수원식단

수원식단

隨園食單

원매 지음 · 신계수 옮김

교문사

서문

　시인은 주공周公을 칭찬하여 "제기를 가지런히 놓는 사람籩豆有踐[1]"이라 하고, 범백凡伯은 "조량을 먹었어야 할 사람이 세량을 먹었다彼疏斯粺.[2]고" 비판하였다. 이것이 옛사람들의 음식관이다. 얼마나 중요한 말인가. 옛사람들은 또한 《역경易經》에서는 정형鼎亨에 대하여, 《상서尚書》에서는 염매鹽梅에 대하여 향당鄉黨과 내칙內則편에서도 음식에 대하여 간간히 이야기한 것으로 보인다.

　맹자는 음식의 맛만 중시하는 사람을 경시하였지만 배고프고 목마를 때 먹은 음식은 그 진정한 맛을 알 수 없다고 하였다. 이것으로 미루어 보면 매사에 옳음을 구하는 것은 쉽게 말할 수 있는 것은 아니다. 《중용中庸》에서는 사람들이 못 먹는 음식은 없지만 정말로 맛을 아는 사람은 많지 않다고 하였고 《전론典論》에서는 "처음 관직에 종사한 사람은 거처에 신경을 쓰고 관직에 삼대를 종사해야만 비로소 음식에 대해서 안다."고 하였다. 옛사람들은 생선을 상에 올려야 할 때, 고기를 상에서 내려야 할 때進鬐離肺[3] 모두 법에 따랐고 대강대강 하는 일이 없었다. 공자孔子는 다른 사람과 함께 노래를 부를 때 상대방이 노래를 잘 부르면 반드시 그에게 한 번 더 불러달

1　변두유천籩豆有踐: 《시경詩經·소아小雅》
2　피소사패彼疏斯粺: 《시경詩經·대아大雅·소문召旻》
3　진기리폐進鬐離肺: 《의례儀禮》

라고 하고 따라 불렀다. 성인에게 이런 일은 아주 미미한 일일 텐데 다른 사람의 장점을 취하여 이와 같이 하였다.

필자는 이러한 배움의 정신을 매우 존중하여 매번 다른 사람 집에서 맛있는 음식을 먹게 되면 우리 집의 요리사를 그 집 주방에 들여보내 제자의 예를 갖추고 배우게 하여 40년 동안 사람들이 알고 있는 맛있는 요리를 많이 모으게 되었다. 그중 어떤 요리는 배워서 완전히 알게 된 것이 있고, 어떤 요리는 60~70%, 어떤 요리는 20~30% 정도만 알게 된 것이 있으며 어떤 요리는 전해지는 것이 없어서 알 수 없었다. 따라서 그들에게 만드는 방법을 묻고 모아서 보존하기 시작했다. 비록 어떤 조리법이 있더라도 기록이 완전하게 정확하다고 할 수 없는 것은, '어떤 집에서 어떤 요리를 먹었는데 그 맛이 어떠했다'고 기재하여 감사한 마음을 표현하였다. 필자 스스로 배우기를 좋아하는 마음은 이러해야 한다고 생각한다.

당연히 죽은 법으로 살아 있는 요리사를 관리할 수도 없고, 유명한 사람이 쓴 책이라고 해서 모두 다 맞는 것도 아니다. 따라서 전적으로 고서에서 방법을 찾는 일도 불가능하다. 다만 고서대로 따라하면 큰 실수는 면할 수 있고 임시로 연회요리를 준비할 때 따라서 할 수도 있으며 유래를 설명해 낼 수도 있다. 어떤 사람은 "사람의 마음도 서로 각각 다르고, 더욱이 생김새도 서로 다른데 당신은 어떻게 대중들의 구미와 당신의 구미가 같다고 생각하느냐."고 한다. 필자는 이 일이 도끼자루를 써서 도끼자루를 만들어 내는 것만큼 멀지 않은 일 執柯以伐柯, 其則不遠[4]이라고 생각하므로 그 방법대로 만들면 원칙적으로 큰 차이는 없다고 생각한다.

비록 대중의 입맛이 필자의 입맛과 서로 같기를 강요할 수는 없지만 단지 내 마음으로 미루어 상대방의 마음을 헤아려 보고자 한다. 음식은 비록

---

4 집가이벌가 기즉불원執柯以伐柯 其則不遠:《중용中庸》

미약한 것이지만 필자는 충서지도를 다할 따름이다. 어찌 유감이 남겠는가!

무릇 《설부說郛》에 30여 종의 음식이 기재되어 있는데 미공, 립옹이 지은 음식에 관계된 책이 있다. 필자가 이것을 보고 직접 만들어 보았는데 냄새와 맛이 그다지 좋지 않았다. 대부분 억지로 만든 것으로 보여 이 책에는 그 내용을 넣지 않았다.

詩人美周公而曰: "籩豆有踐", 惡凡伯而曰: "彼疎斯粺". 古之於飲食也, 若是重乎? 他若《易》稱 "鼎亨".《書》稱 "鹽梅".《鄕黨》《內則》瑣瑣言之. 孟子雖賤飲食之人, 而又言飢渴未能得飲食之正.

可見凡事須求一是處, 都非易言.《中庸》曰: "人莫不飲食也, 鮮能知味也".《典論》曰: "一世長者知居處, 三世長者知服食." 古人進鬐離肺, 皆有法焉, 未嘗苟且. "子與人歌而善, 必使反之, 而後和之." 聖人于一藝之微, 其善取于人也如是.

余雅慕此旨, 每食于某氏而飽, 必使家廚往彼竈觚, 執弟子之禮. 四十年來, 頗集衆美. 有學就者, 有十分中得六七者, 有僅得二三者, 亦有竟失傳者. 余都問其方略, 集而存之. 雖不甚省記, 亦載某家某味, 以志景行. 自覺好學之心, 理宜如是. 雖死法不足以限生廚, 名手作書, 亦多出入, 未可專求之于故紙; 然能率由舊章, 終無大謬. 臨時治具, 亦易指名.

或曰: "人心不同, 各如其面. 子能必天下之口, 皆子之口乎?" 曰: "執柯以伐柯, 其則不遠". 吾雖不能強天下之口與吾同嗜, 而姑且推己及物; 則食飲雖微, 而吾于忠恕之道, 則已盡矣. 吾何憾哉?" 若夫《說郛》所載飲食之書三十餘種, 眉公、笠翁, 亦有陳言. 曾親試之, 皆閼于鼻而蜇于口, 大半陋儒附會, 吾無取焉.

역자 서문

중국 문학을 전공하고 중국요리하는 일을 업으로 삼으면서 중국에 가서 요리를 보고 느끼고 싶었는데 한국과 중국이 수교를 맺은 뒤 5년이 지나서 그 꿈을 이룰 수 있었다. 1997년 상해음식복무학교上海飲食服務學校에서 중국요리 단기 과정을 듣게 되었는데 이곳에서 오효강吳曉强이라는 중국인 친구를 만났다. 어느 날 그가 한손 가득 책을 들고 오더니 "이건 청대 요리서들인데, 중국음식을 공부하는 사람은 꼭 보아야 할 책이야."라면서 내게 건네주었다. 그 책 중에 원매袁枚가 지은 《수원식단隨園食單》이 있었다.

그 자리에서 대강 훑어보니 요리의 가짓수가 많아서 《수원식단》으로 청요리를 배울 수 있겠구나 하는 생각이 들었다. 그런데 자세히 보니 《수원식단》에는 청요리를 볼 수 있는 조리법뿐만 아니라 학문과 식견이 깊은 저자의 음식에 대한 확고한 철학을 엿볼 수 있었다. 또한 이야기하고자 하는 바를 중국 고전을 인용하며 비유하고 설명하여 일종의 요리철학책 같았다. 어떤 부분은 며칠 동안 곱씹어 생각해야만 이해가 되었고 어떤 부분은 나의 일천한 식견으로는 도저히 이해할 수 없는 어려운 내용도 있었다.

백번 읽어도 해결되지 않는 부분은 북경어언대학北京語言大學의 조동매趙冬梅 교수와 우리 대학 진영陳英 교수에게 부탁하여 설명을 듣고 나서야 이해할 수 있었다. 책의 내용이 머릿속에서 뚜렷해질 즈음 음식전시기획 전문가 김방울과 변유경이 한중수교 20주년을 기념하여 중국음식을 전시하자고

제안해왔다. 이에 응하여 2012년 《수원식단》에서 34가지를 메뉴를 선정하여 인천 차이나타운에서 전시를 하였고 그 기념으로 사진을 찍어 두었다.

2014년 11월 중국 서안에서 거행된 아주식학논단亞州食學論壇 학회에서 중국음식문화전문가 조영광趙永光 선생님을 뵙고 《수원식단》을 번역해 보았고 사진도 찍어둔 것이 있다고 말씀드렸더니 기뻐하시면서 어서 책으로 엮어보라고 격려를 해 주셨다. 되돌아보니 《수원식단》을 엮어 낼 수 있었던 것은 나 스스로의 강한 의지보다 곁에 계신 분들께서 멍석을 깔아주시고 격려해 주셨기에 가능한 일이었다. 여러분의 격려에 용기를 얻어 그간 《수원식단》에 공들여온 시간들을 중국음식문화에 관심 있는 분들과 공유하고자 한다.

《수원식단》을 내 놓으려고 하니 두려움이 앞선다. 오역을 한 것은 아닐까? 작가의 뜻이 다르게 전달된 것은 아닐까? 《수원식단》을 읽으신 분들이 해주시는 어떠한 지적과 편달도 달게 받겠다.

2015년 1월
신계숙

차례

비늘 없는 생선 및 갑각류 ·· 138

채소류 ··· 152

채소반찬류 ·· 174

수원식단

중국의 시인 원매가 쓴 《수원식단隨園食單》은 청대의 조리서이다. 이 책에는
요리사가 요리사가 꼭 알아야 할 20계명, 요리사가 해서는 안 될 14계명 외에
재료를 성질별로 분류하여 바다에서 나는 재료를 이용한 요리 9가지, 강에서
나는 재료로 만든 요리 6가지, 돼지고기 요리 43가지, 소·양·사슴 요리 16가지,
닭·오리·메추리 등의 요리 48가지, 비늘이 있는 생선 요리 17가지, 비늘이 없는
생선 요리 28가지, 채소 요리 47가지, 채소반찬 41가지, 후식류 55가지, 밥과 죽
요리 2가지, 차와 술 14종 등 360가지의 다양한 요리가 기록되어 있다.

붉게 조린 해삼(紅煨海蔘)
간장을 넣어 붉게 조린 해삼 요리

**상어지느러미탕
(鱼翅湯)**

닭 육수에 상어를 푹 끓인 탕

상어조림(鱘鱼)

술과 간장, 물을 붓고
상어를 다시 끓여 꺼낸 다음
조미한 요리

**돼지다리 요리법
네 가지(猪蹄一法) 중
하나**
마른 새우를 끓인 물에
간장과 술을 넣어 졸인
돼지다리 요리

**돼지 위 요리법
두 가지(猪肚一法) 중
하나**
주사위 모양으로 썰어
기름에 볶은 돼지 위 요리

쌀가루 돼지고기찜
(粉蒸肉)
돼지고기에 쌀가루와
춘장을 고루 무쳐 찐 요리

꿀화퇴조림(蜜火腿)
화퇴(火腿)를 껍질까지
네모나게 썰어 꿀을 넣고
졸인 요리

양고기구이(燒羊肉)
양고기를 썰어 철 꼬치에 꿰어
구운 요리

**주사위 모양의
닭볶음(鷄丁)**
닭 가슴살을 주사위 모양으로
썰어 물밤, 죽순, 표고버섯
등을 함께 볶은 요리

밤닭볶음(栗子炒鷄)
닭을 튀긴 후
밤과 볶은 요리

오리구이(燒鴨)
오리의 배에 파를
가득 채워 구운 요리

붕어지짐(鯽鱼)
붕어를 기름에 지진 요리

생선완자(鱼圆)
생선살에 콩가루,
돼지기름을 넣고 끓는
물에 넣어 익힌 완자

장어 튀김(炸鰻)
장어를 참기름에 튀겨 볶은
쑥갓(蒿菜) 위에 올려낸 튀김

자라볶음(生炒甲鱼)
자라(甲鱼)의 뼈를 제거하고
참기름에 볶아 간장을 더하여
만든 볶음

게살탕(蟹羹)
게 껍질을 벗겨내고
살로만 끓인 탕

찻잎 달걀조림(茶葉蛋)
달걀에 소금과 굵은
찻잎을 넣어 끓인 조림

왕태수 팔보두부
(王太守八寶豆腐)

연한 두부에 표고버섯,
느타리버섯, 잣 등을
함께 육수에 볶듯이
끓인 요리

배추볶음(白菜)

배추를 볶아서 화퇴를
곁들인 요리

시금치 두부탕(菠菜)
시금치에 양념장을 넣고
두부와 끓인 탕

두부피무침(豆腐皮)
두부피에 마른 새우를 넣고
간장에 무친 요리

**돼지기름 무볶음
(猪油煮蘿蔔)**
익은 돼지기름에 무(蘿蔔)와
마른 새우를 넣어 볶은 요리

동개절임(冬芥)
동개를 소금에 절인 요리

엄동채절임(醃冬菜)
엄동채를 소금에 절인 요리

해파리무침(海蜇)
해파리를 채 썰어
술과 식초로 맛을 낸 무침

쥐꼬리면(麵老鼠)

밀가루를 뜨거운 물에
반죽하여 젓가락으로 떼어
닭 육수에 넣어 끓인 면

전불릉 즉 고기만두
(顚不稜卽肉餃也)

면을 반죽하여 펼쳐놓고
고기를 속에 넣어 찐 만두

부추합(韭合)
부추를 다져서 고기와
섞어서 양념(作料)하여
반죽에 넣은 요리

누룽지 튀김(白雲片)
누룽지를 기름에 튀겨
설탕을 뿌린 튀김

용정차(龙井茶)
항주 용정에서 나오는
맑고 깨끗한 차

소흥주(绍兴酒)
오래 둘수록 깊은 맛이
나는 술

요리사가 꼭 알아야 할 20계명
【 須知单 】

학문의 도는 먼저 알고 난 다음 실천해야 한다. 음식도 그러하므로 수지단(须知单)을 짓는다.

学问之道, 先知而後行. 饮食亦然, 作须知单.

재료에 대하여 반드시 알아야 한다
先天须知

무릇 모든 사물은 선천적으로 타고난 본성이 있다. 이는 사람마다 타고난 성품이 다른 것과 같다. 만약 타고난 성품이 우매하다면 공자와 맹자의 도를 가르쳐도 소용이 없고, 재료의 성질이 좋지 않으면 역아易牙[1]가 요리한다고 해도 맛이 없을 것이다.

대략 살펴보면 다음과 같다. 돼지 껍질은 얇아야 누린내가 없고, 닭은 노계도 영계도 아닌 살이 연한 닭이 좋다. 붕어鲫鱼는 몸통이 납작하며 배부분이 흰 것이 적합하다. 붕어가 등이 검으면 접시에 놓았을 때 매우 단단해 보인다. 장어鳗鱼는 호수나 시냇물에서 자란 것이 귀한 것이고 강에서 자란 것은 뼈마디가 얽혀 있다. 곡물을 먹여 키운 오리鸭는 살찌고 기름지며

---

1 역아易牙: 제환공齊桓公을 섬긴 요리사

색이 희다.

옥토에서 자란 죽순은 마디가 작고 단맛이 난다. 같은 화퇴火腿[2]라도 좋은 것과 나쁜 것은 하늘과 땅 차이다. 태등도 좋은 것과 나쁜 것의 차이는 얼음과 탄불만큼 큰 차이가 난다. 기타 잡다한 재료들도 유추해 볼 수 있다. 무릇 풀코스의 맛있는 요리도 요리사의 능력이 60%이면 재료를 구입하는 사람의 능력은 40%이다.

凡物各有先天, 如人各有资禀. 人性下愚, 虽孔, 孟教之, 無益也. 物性不良, 虽易牙烹之, 亦無味也. 指其大略; 猪宜皮薄, 不可腥膜; 雞宜騸嫩, 不可老稚; 鯽鱼以扁身白肚为佳, 乌背者, 必崛强于盘中; 鳗鱼以湖溪游泳为贵, 江生者槎桠其骨节; 穀饲之鸭, 其食膗肥而白色; 壅土之笋, 其节少而甘鲜; 同一火腿也, 而好醜判若天渊; 同一台鲞也, 而美恶分为冰炭. 其他杂物, 可以类推. 大抵一席佳肴, 司厨之功居其六, 买办之功居其四.

양념에 대하여 반드시 알아야 한다
作料须知

요리사에게 양념은 부녀자들의 옷이나 장신구와 같다. 비록 하늘이 준 자태가 있고 화장을 잘 했다 하더라도 남루한 옷을 입고 있다면, 그 사람이 서시西子[3]라고 할지언정 미인이라고 인정하기 어렵다. 요리를 잘하는 사람은 꼭 복장伏醬[4]을 사용하는데 먼저 단맛이 있는지 없는지 확인하고 넣는다. 기름은 반드시 참기름을 사용하는데 참깨를 볶아서 기름을 짰는지, 볶지 않

---

2 화퇴火腿: 소금에 절여서 훈제한 돼지 뒷다리
3 서자西子: 서시西施로써 춘추시대 월나라의 미인
4 복장伏醬: 삼복에 만든 장醬 혹은 간장

고 기름을 짰는지 확인하고 넣는다. 술
은 주양酒孃[5]을 쓰는데 반드시 술지게미
는 걸러낸 다음 사용한다. 식초는 쌀로
만든 식초를 사용하되 반드시 맑고 깨끗
한 것을 사용한다. 또 장은 간장과 농한
장으로 나눌 수 있고 기름은 식물성과

참기름 만드는 모습

동물성이 있다. 술은 신맛이 나는 것과 단맛이 나는 것이 있고 식초는 담
근 지 오래된 식초와 방금 만든 식초가 다르기 때문에 조금이라도 잘못 사
용해서는 안 된다. 기타 파, 산초, 생강, 계피, 설탕, 소금 등은 많이 사용하
지는 않지만 품질이 좋은 것을 선택하는 것이 좋다. 소주점에서 파는 추유
秋油[6]는 상·중·하로 나눈 세 등급이 있다. 진강초鎭江醋[7]는 색은 아름다우나
신맛이 그다지 심하지 않으므로 식초의 본래의 성질을 잃은 것이다. 판포板
浦의 식초가 제일이고, 포구浦口식초가 그 다음이다.

廚者之作料, 如妇人之衣服首饰也. 虽有天姿, 虽善涂抹, 而敝衣藍縷, 西
子亦难以为容. 善烹调者, 酱用伏酱, 先尝甘否; 油用香油, 须审生熟; 酒用
酒娘, 应去糟粕; 醋用米醋, 须求清冽. 且酱有清浓之分, 油有荤素之别, 酒
有酸甜之異, 醋有陈新之殊, 不可丝毫错误. 其他葱, 椒, 姜, 桂, 糖, 盐,
虽用之不多, 而俱宜选择上品. 苏州店卖秋油, 有上, 中, 下三等. 镇江醋颜
色虽佳, 味不甚酸, 失醋之本旨矣. 以板浦醋为第一, 浦口醋次之.

---

5 주양酒孃: 찐 쌀에 효모를 더하여 발효시킨 일종의 미주米酒
6 추유秋油: 늦가을에 맨 처음 거른 간장
7 진강초鎭江醋: 강소성 진강지역에서 생산되는 식초

씻는 방법을 반드시 알아야 한다
洗刷须知

씻고 닦는 방법이다. 제비집燕窝은 털을 제거하고 해삼은 진흙을 없애며, 상어지느러미鱼翅는 모래를 제거하고 사슴근육鹿筋은 비린내를 없애야 한다. 돼지고기는 힘줄을 구별하여 썰어야 쫄깃쫄깃하다. 오리는 신장에서 누린내가 나므로 떼어내야 한다. 생선 쓸개鱼胆가 터지면 쟁반에 담은 모든 음식에서 쓴맛이 난다. 장어는 진액鳗涎을 닦지 않으면 그릇 가득 비린내가 많이 난다. 부추는 잎을 자르면 흰 줄기가 남고, 채소는 가장자리 잎을 떼어내면 가운데 심이 남는다. 내칙內則에 이르기를 "생선 창자와 자라 항문은 먹지 않는다.[8]"고 하였는데 이는 씻을 때 주의해야 한다는 뜻이다. 속담에 "만약에 생선을 맛있게 먹으려면 흰 근육이 나올 정도로 씻어라若要鱼好吃, 洗得白筋出."고 하였는데 이 또한 그런 이치이다.

> 洗刷之法, 燕窝去毛, 海参去泥, 鱼翅去沙, 鹿筋去臊. 肉有筋辨, 剔之则酥; 鸭有肾臊, 削之则净; 鱼胆破, 而全盘皆苦; 鳗涎存, 而满碗多腥; 韭删葉而白存, 菜弃边而心出. 《内则》曰: "鱼去乙, 鳖去醜". 此之谓也. 谚云: "若要鱼好吃, 洗得白筋出". 亦此之谓也.

양념의 혼합 방법을 반드시 알아야 한다
调剂须知

양념할 때는 재료를 보고 결정한다. 술과 물을 함께 넣는 것이 있고, 술만 넣고 물은 넣지 않거나, 물만 넣고 술을 넣지 않는 것이 있다. 소금과 장을 함께 넣기도 하고, 간장만 넣고 소금을 넣지 않거나 소금만 넣고 장을

---

8 어거을 별거주鱼去乙, 鳖去醜:《예기禮記·내칙內則》

넣지 않는 것도 있다. 재료가 느끼하면 먼저 기름에 굽기도 하고, 비린내가 심하면 먼저 식초를 뿌려둔다. 신선한 맛을 증진시키기 위해서 반드시 얼음사탕冰糖을 사용해야 한다. 국물이 없어야 좋은 것은 맛이 안으로 스며들어야 하기 때문에 지지고 볶는 방법煎炒이 좋고, 국물이 많아야 좋은 것은 그 맛이 밖으로 흘러나와야 하기 때문에 맑게 만드는 것이 좋다.

调剂之法, 相物而施. 有酒水兼用者, 有专用酒不用水者, 有专用水不用酒者; 有盐, 酱并用者, 有专用清酱不用盐者, 有用盐不用酱者; 有物太腻, 要用油先炙者; 有气太腥, 要用醋先喷者; 有取鲜必用冰糖者; 有以干燥为贵者, 使其味入於内, 煎炒之物是也; 有以湯多为贵者, 使其味溢于外, 清浮之物是也.

재료 배합에 대하여 반드시 알아야 한다
配搭须知

중국 속담에 "내 딸을 먼저 보고 그에 맞는 사위를 구하라相女配夫.[9]"라는 말이 있고 《기記》[10]에는 사람을 비교하려면 같은 부류의 사람을 놓고 비교하라는 말僬人必於其伦이 있다. 요리도 어찌 다르겠는가? 무릇 한 가지 요리를 완성하려면 반드시 부재료輔佐들이 필요하다. 맑은 것에는 맑은 것, 진한 것에는 진한 것, 부드러운 것에는 부드러운 것, 단단한 것에는 단단한 것을 배합해야 훌륭해진다.

그중 고기나 채소 요리에 모두 넣을 수 있는 부재료는 버섯, 죽순, 동과 등이다. 고기 요리에는 넣을 수 있지만 채소 요리에 넣을 수 없는 재료는

---

9 상여배부相女配夫: 명明·주즙周楫《서호이집西湖二集·월하로착배본속전연月下老错配本属前缘》
10 《기記》:《예기禮記》

주재료에 맞는 부재료를 배합하는 모습

파, 부추, 회향, 풋마늘이다. 채소 요리에는 넣을 수 있지만 고기 요리에 넣을 수 없는 것은 셀러리芹菜, 백합百合[11], 도두刀豆[12] 등이다.

마른 제비집에 게 알을 올려놓은 요리와 닭고기나 돼지고기 요리에 백합을 올려놓은 요리를 자주 보게 되는데 이는 당요唐堯[13]와 소준蘇峻[14]을 한 자리에 앉히는 것과 같으니 잘못한 일 같지 않은가? 다만 육류와 채소를 바꾸었을 때 더욱 효과가 있는 것은 육류 요리를 볶을 때 채소로 만든 기름을 넣고, 채소를 볶을 때 육류로 만든 기름을 넣는 것이다.

---

11 백합百合: 백합꽃의 뿌리를 말하며 신선한 것은 볶음 요리의 재료로 사용하고 마른 것은 불려서 디저트에 주로 사용한다.

12 도두刀豆: 콩 껍질 모양이 칼과 같아 도두라고 한다.

13 당요唐堯: 전설 중의 상고시대 제왕의 이름

14 소준蘇峻: 서진西晉 말년末年의 장수

谚曰: "相女配夫." 《记》曰: "嬩人必於其伦." 烹调之法, 何以异焉? 凡一物烹成, 必需辅佐. 要使清者配清, 浓者配浓, 柔者配柔, 刚者配刚, 方有和合之妙. 其中可荤可素者, 蘑菇, 鲜笋, 冬瓜是也. 可荤不可素者, 葱, 韭, 茴香, 新蒜是也. 可素不可荤者, 芹菜, 百合, 刀豆是也. 常见人置蟹粉于燕窝之中, 放百合于雞, 猪之肉, 毋乃唐尧与苏峻对坐, 不太悖乎? 亦有交互见功者, 炒荤菜, 用素油, 炒素菜, 用荤油是也.

진한 맛이 나는 재료는 한 가지 재료만 사용해야 함을 반드시 알아야 한다
独用须知

진한 맛이 나는 재료는 다른 재료와 함께 사용하지 말고 단독으로 사용해야 한다. 이찬황李赞皇[15]과 장강릉张江陵[16]은 두 사람이 모두 개성이 강하기 때문에 반드시 한 사람씩 따로 두어야 그 재능을 발휘할 수 있다. 재료 중에 장어鳗, 자라鳖, 게蟹, 준치鲥鱼, 소牛, 양羊 등은 모두 따로따로 먹는 것이 바람직하고 기타 재료를 배합해서는 안 된다. 왜냐하면 이 몇 가지 재료들은 매우 깊은 맛이 날 뿐만 아니라 다른 재료들에게 영향을 끼치므로 폐해가 심하니 전적으로 오미를 조화롭게 다스려 장점은 취하고 단점은 버리도록 해야 한다.

어찌 본 주제는 버리고 곁가지를 칠 여유가 있다는 말인가? 금릉金陵 사람들은 해삼에 자라를 더하고, 상어지느러미에 게 알을 더하는 것을 좋아하는데 이런 것을 보니 내 눈살이 찌푸려진다. 자라나 게살의 맛은 해삼과

---

15 이찬황李赞皇: 당나라 헌종 때의 재상
16 장강릉张江陵: 명나라 신종 때의 승상

상어지느러미와 맛을 나누기에 부족하고, 해삼과 상어지느러미는 자라와 게살의 맛을 오염시키고도 남음이 있다.

味太浓重者, 只宜独用, 不可搭配. 如李赞皇, 张江陵一流, 须专用之, 方尽其才. 食物中, 鳗也, 鳖也, 蟹也, 鲥鱼也, 牛羊也, 皆宜独食, 不可加搭配. 何也此数物者味甚厚, 力量甚大, 而流弊亦甚多, 用五味调和, 全力治之, 方能取其长而去其弊. 何暇捨其本题, 别生枝节哉? 金陵人好以海参配甲鱼, 鱼翅配蟹粉, 我见辄攢眉. 觉甲鱼, 蟹粉之味, 海参, 鱼翅分之而不足; 海参, 鱼翅之弊, 甲鱼, 蟹粉染之而有餘.

불의 사용법을 반드시 알아야 한다
火候须知

재료를 익히는 방법에서 가장 중요한 것은 화력이다. 지지고 볶을 때는 반드시 센 불武火로 한다. 약한 불로 볶으면 재료가 무른다. 조릴 때는 반드시 약한 불을 사용한다. 불이 강하면 마른다. 먼저 강한 불로 끓이다가 약한 불로 줄여야 하는 것은 탕이 줄어들게收湯 해야 하는 것들이기 때문에 성질이 급하면 겉은 타고 속은 안 익는다. 삶으면 삶을수록 부드러워지는 것은 콩팥과 달걀류이다.

대강 삶아서 무르지 않는 것은 신선한 생선, 맛살, 조개류 등이다. 육류는 시간이 지체되면 붉은 색이 검게 변하고, 살아 있던 생선도 시간이 지나면 죽는다. 뚜껑을 자주 열면 거품이 많이 생기고 향이 없어진다.

불을 껐다 다시 익히면 기름이 줄어들어 맛이 없다. 도인은 아홉 번을 윤회해서 도를 닦아야 신선이 되고丹成九转, 유가에서는 과하지도 않고 부족하지 않아야無过不及 중용에 이를 수 있다고 하니, 요리사로 하여금 불을 조절할 수 있게 하는 것이 도에 이르는 길이다.

생선을 먹을 때는 색이 백옥처럼 희고 단단하면서 부스러지지 않아야 하고 신선한 고기는 색이 분가루처럼 흰색이 나야 한다. 육질이 부드럽지 않으면 신선하지 않은 고기이다. 신선한 재료를 신선하지 않게 해서 먹으면 얼마나 유감스러운 일인가?

熟物之法, 最重火候. 有须武火者, 煎炒是也; 火弱则物疲矣. 有须文火者, 煨煮是也; 火猛则物枯矣. 有先用武火而後用文火者, 收湯之物是也; 性急则皮焦而裏不熟矣. 有愈煮愈嫩者, 腰子, 雞蛋之类是也. 有略煮即不嫩者, 鲜鱼, 蚶蛤之类是也. 肉起迟则红色变黑, 鱼起迟则活肉变死. 屡开锅盖, 则多沫而少香. 火息再烧, 则走油而味失. 道人以丹成九转为仙, 儒家以無过, 不及为中. 司厨者, 能知火候而谨伺之, 则几於道矣. 鱼临食时, 色白如玉, 凝而不散者, 活肉也; 色白如粉, 不相胶粘者, 死肉也. 明明鲜鱼, 而使之不鲜, 可恨已極.

색과 향에 대하여 반드시 알아야 한다
色臭须知

눈과 코는 입 옆에 있으며 입의 매개체가 된다. 맛있는 요리가 눈과 코에 이르면 색과 향기는 서로 다르게 느껴진다. 혹은 맑기가 가을 구름 같고, 농염하기가 호박 같다. 향기가 또 코를 찌르면 씹지 않고 혀로 맛보지 않아도 그 묘함을 알 수 있다. 따라서 농염한 색을 내기 위해서 설탕을 태울 필요가 없고 향을 내기 위해서 향료를 사용할 필요가 없다. 한 번 장식하면 그만큼 맛을 잃게 될 뿐이다.

目與鼻, 口之邻也, 亦口之媒介也. 嘉肴到目, 到鼻, 色臭便有不同. 或净若秋云, 或艳如琥珀, 其芬芳之氣亦扑鼻而来, 不必齿决之, 舌尝之, 而後知其妙也. 然求色艳不可用糖炒, 求香不可用香料. 一沙粉饰, 便伤至味.

신속하게 만들어 낼 수 있는 요리를
반드시 알아야 한다
遲速須知

일반적으로 손님을 초대할 경우 3일 전에는 서로 약속하기 때문에 재료를 갖추어서 요리할 수 있는 시간이 충분하다. 그러나 만약에 손님이 갑자기 온다면 요리가 급하게 필요하다. 혹은 여행을 하고 있는 등의 유사한 상황에서는 어찌 능히 동해의 물로 남쪽 연못에 난 불을 끌 수 있겠는가? 반드시 한 가지라도 급히 만들어 낼 수 있는 요리를 준비해 두어야 한다. 예를 들면 닭고기를 얇게 썰어서 볶는 요리, 돼지고기를 채 썰어 볶는 요리, 마른 새우 두부볶음, 조어糟鱼[17]와 차퇴茶腿[18] 등이다. 오히려 빠르면서도 기교를 보여줄 수 있는 것을 모르면 안 된다.

凡人请客, 相约於三日之前, 自有工夫平章百味. 若斗然客至, 急需便餐; 作客在外, 行船落店. 此何能取东海之水, 救南池之焚乎? 必须预备一種急就章之菜, 如炒雞片, 炒肉丝, 炒虾米豆腐, 及糟鱼, 茶腿之类, 反能因速而见巧者, 不可不知.

---

17 조어糟鱼: 술지게미를 넣어 오랫동안 조린 생선 요리
18 차퇴茶腿: 찻잎을 태워 훈제한 돼지 뒷다리

각각의 재료가 맛을 낼 수 있게 하는 방법을 반드시 알아야 한다
变换须知

한 가지 재료에 한 가지 맛이 있기 때문에 여러 가지를 서로 혼합하여 사용할 수 없다. 성인들이 사람들을 가르칠 때 한 사람, 한 사람 다르게 가르치는 것이 군자로서의 매력이다. 오늘날 요리사들이 닭, 오리, 돼지, 거위를 모두 한 곳에 담아 끓이는 것을 보았는데 모두 같은 맛千手雷同으로 초를 씹는 맛이다. 만일 닭이나 돼지, 거위, 오리에 영혼이 있다면, 억울하게 죽은 영혼들이 모이는 곳에 가서 그 실상을 고발할 것으로 본다.

요리를 잘 만드는 사람은 여러 개의 과锅, 조竈, 우盂, 발钵 등의 그릇을 준비하여 한 가지 재료가 각자의 성질을 녹여낼 수 있도록 각각의 그릇에 담아 한 가지 맛을 낼 수 있도록 한다. 따라서 즐기는 사람은 그 종류가 많아서应接不暇 제 스스로 마음에 꽃이 핀 듯 느끼게 될 것이다.

> 一物有一物之味, 不可混而同之. 猶如圣人設教, 因才乐育, 不拘一律. 所谓君子成人之美也. 今见俗厨, 动以雞, 鸭, 猪, 鹅, 一汤同滚, 遂令千手雷同, 味同嚼蜡. 吾恐雞, 猪, 鹅, 鸭有靈, 必到枉死城中告状矣. 善治菜者, 须多设锅, 竈, 盂, 钵之类, 使一物各献一性, 一碗各成一味. 嗜者舌本应接不暇, 自觉心花顿开.

그릇 선택 방법을 반드시 알아야 한다
器具须知

옛말에 이르기를 아름다운 요리가 아름다운 그릇보다 못하다는 말이 있다. 옳은 말이다. 따라서 명대의 선덕황제 때, 성화황제 때, 가정황제 때, 만력황제 때의 도자기 등은 매우 비싸서 깨뜨리면 손해가 막심하므로 모든 그릇을 청나라 황실의 어요御窯[19]에서 생산하는 그릇을 사용하는 것이 낫다고 하였다. 이러한 자기들은 모두 맑고 정교하다. 다만 국그릇에 담을 것은 국그릇에 담고, 접시에 담을 것은 접시에 담거나, 큰 그릇에 담을 것은 큰 그릇에 담아야 하며, 작은 그릇에 담을 것은 작은 그릇에 담아야 한다. 각각의 격식에 맞게 안배해야 사람들로 하여금 보기 좋다고 느낀다. 만약 어설프게 국그릇 10개, 큰 접시 8개만 늘어놓으면 거칠게 느껴진다. 대개 값진 음식은 큰 그릇이 어울린다. 싼 재료는 작은 그릇이 어울린다. 지지고 볶은 요리는 반盤 접시가 어울리고 탕은 완碗 주발이 어울린다. 볶은 음식은 철이나 동으로 만든 그릇에 담는다. 오랫동안 고아낸 요리는 작게 부서진 돌의 알로 만든 그릇沙罐이 어울린다.

古语云: 美食不如美器. 斯语是也. 然宜, 成, 嘉, 万窑器太贵, 颇愁损伤, 不如竟用御窑, 已觉雅丽. 惟是宜碗者碗, 宜盘者盘, 宜大者大, 宜小者小, 参错其间, 方觉生色. 若板板于十碗八盘之说, 便嫌笨俗. 大抵物贵者器宜大, 物贱者器宜小. 煎炒宜盘, 汤羹宜碗, 煎炒宜铁铜, 煨煮宜砂罐.

요리를 올리는 순서를 반드시 알아야 한다
上菜须知

요리를 올리는 순서는 짠 요리를 먼저 내고, 싱거운 요리는 뒤에 낸다. 진한 것을 먼저 내고 담백한 것은 나중에 낸다. 탕이 없는 요리를 먼저 내고, 탕이 있는 요리는 나중에 낸다. 또 천하에는 원래 오미가 있으므로 짠맛 한 가지만 가지고 말하지 않는다. 손님을 헤아려 보아 배가 부른 것 같으면 비장이 피곤한 것이므로 매운맛으로 자극을 줄 수 있도록 한다. 손님이

---

19 어요御窯: 명·청양대 관청에서 필요한 자기를 굽던 기구

술을 많이 드셔서 위장이 피로해지는 것이 걱정되면 곧 신맛, 단맛으로 술을 깨도록 돕는다.

> 上菜之法: 咸者宜先, 淡者宜後; 浓者宜先, 薄者宜後; 無湯者宜先, 有湯者宜後. 且天下原有五味, 不可以咸之一味敷之. 度客食飽, 則脾困矣, 须用辛辣以振动之; 慮客酒多則胃疲矣, 须用酸甘以提醒之.

제철에 이용할 수 있는 재료를 반드시 알아야 한다
时节须知

여름은 하루가 길고 덥기 때문에 아침 일찍 동물을 잡으면 고기가 상한다. 겨울날은 하루해가 짧고 춥기 때문에 요리를 만드는 시간이 조금 늦어지면 요리가 익지 않는다. 겨울에는 쇠고기, 양고기를 먹기 좋은 계절이고 여름에는 먹을 때가 아니다. 여름에는 소금에 절인 고기乾腊가 좋으나 겨울에는 먹을 때가 아니다.

보조로 곁들이는 음식은 여름에는 겨자가 좋고 겨울에는 후추가 좋다. 마땅히 삼복에는 겨울에 절였던 엄채醃菜[20]가 보잘것없지만 보배이고, 가을에 날씨가 서늘해지면 죽순의 일종인 근순根笋이 값은 싸지만 매우 진귀하다. 준치는 제철이 되기 전 3월에도 먹을 수 있고 토란은 제철이 지난 4월에도 먹을 수 있다. 기타 재료도 유추가 가능하다.

철이 지나면 먹을 수 없는 것들이 있다. 무는 시간이 지나면 중간에 구멍이 생기고 죽순의 일종인 산순山笋은 제철이 지나면 쓴맛이 난다. 도제刀鱭[21]도 제철이 지나면 뼈가 단단해진다. 소위 만물의 생장은 모두 사계절의

---

20 엄채醃菜: 소금에 절인 채소
21 도제刀鱭: 양자강 유역에서 서식하는 생선으로 배 부분은 둥그렇고 머리에서 꼬리로 가면서 점점 몸체가 점점 좁아지는 모양의 생선

순서에 따른다. 정상에 오른 사람도 내려와야 할 때가 오고 꽃도 피면 시들
게 마련이다.

夏日长而热, 宰杀太早, 则肉败矣. 冬日短而寒, 烹飪稍迟, 则物生矣. 冬宜
食牛羊, 移之于夏, 非其时也. 夏宜食乾腊, 移之于冬, 非其时也. 辅佐之物,
夏宜用芥茉, 冬宜用胡椒. 當三伏天而得冬醃菜, 贱物也, 而竟成至寶矣.
當秋凉时而得行根笋, 亦贱物也, 而视若珍羞矣. 有先时而见好者, 三月食
鰣鱼是也. 有後时而见好者, 四月食芋奶是也. 其他亦可类推. 有过时而不
可喫者, 萝蔔过时则心空, 山笋过时则味苦, 刀鱭过时则骨硬. 所谓四时之
序, 成功者退, 精华已竭, 褰裳去之也.

사용할 재료의 적당한 분량을 반드시 알아야 한다
多寡须知

귀한 재료는 많이 넣는 것이 좋고 싼 재료는 조금만 넣는 것이 좋다.
볶음은 재료가 많으면 화력이 통하지 않기 때문에 고기도 익지 않는다. 따
라서 고기는 반 근을 넘지 않도록 하고 닭, 생선은 6량(225g)을 초과하면
안 된다.

혹자는 음식이 부족하면 어떻게 하냐고 묻는다. 그러면 다 먹은 후에
또 볶는다. 재료가 많으면 좋은 것은 돼지고기를 맑은 물에 삶을白煮 때 이
다. 20근斤이 넘지 않으면 싱겁고 맛이 없다. 죽도 마찬가지이다. 쌀이 한 말
이 안 되면 죽 물의 깊은 맛이 없기 때문에 물을 따라버려야 한다. 물이 많
고 쌀이 적으면 얕은 맛이 난다.

用贵物宜多, 用贱物宜少. 煎炒之物, 多则火力不透, 肉亦不松鬆. 故用肉不得过半觔, 用雞, 鱼不得过六两. 或問: 食之不足, 如何?曰: 俟食毕後另炒可也. 以多为贵者, 白煮肉, 非二十觔以外, 则淡而無味. 粥亦然, 非斗米则汁浆不厚, 且须扣水, 水多物少, 则味亦薄矣.

위생에 대하여 반드시 알아야 한다
洁净须知

파 썰던 칼로 죽순을 썰면 안 되고, 후추를 빻았던 절구에 쌀가루를 빻으면 안 된다. 요리에서 행주抹布 냄새가 나는 것은 행주를 깨끗하게 빨지 않았기 때문이다. 요리에서 도마砧板 냄새가 나는 것은 도마를 깨끗하게 닦지 않았기 때문이다. 어떤 일을 하려면 반드시 먼저 도구를 갖추어야 한다. 진정한 요리사는 먼저 칼을 갈아 놓고 행주를 자주 바꾸고 도마를 자주 긁어내어 닦으며, 손을 깨끗하게 자주 닦아야 한다. 그런 다음 재료를 다룬다. 입에 담배를 물고, 머리에는 땀이 차며 부뚜막에는 파리蝇蚁와 개미가 다니고 프라이팬 위에 재가 가득하여 불결한 것들이 요리에 들어간다면 비록 최고의 요리사나 서시 같은 미인이라 할지라도 사람들은 모두 코를 막고 지나갈 것이다.

切葱之刀, 不可以切笋; 搗椒之臼, 不可以搗粉. 闻菜有抹布气者, 由其布之不潔也; 闻菜有砧板氣者, 由其板之不净也. "工欲善其事, 必先利其器." 良厨先多磨刀, 多换布, 多刮板, 多洗手, 然後治菜. 至于口吸之烟灰, 头上之汗汁, 竃上之蝇蚁, 锅上之烟煤, 一玷入菜中, 虽绝好烹庖, 如西子蒙不潔, 人皆掩鼻而过之矣.

콩가루 사용방법을 반드시 알아야 한다
用纤须知

일명 콩가루를 섬이라고 한다. 즉 배를 끓어 당길 때 쓰는 줄을 섬이라 한다. 이름을 보면 뜻을 알 수 있으므로顾名思义 콩가루가 요리에 어떻게 작용하는지 알 수 있다. 고기완자를 만들 때 점성이 쉽게 생기지 않거나, 탕을 끓일 때 느끼하지 않게 할 때 콩가루를 사용한다. 고기를 지지고 볶을 때 팬에 고기가 눌러 붙고 타는 것이 걱정되면 콩가루를 무쳐 보호한다. 이것이 콩가루를 사용하는 이유이다. 콩가루의 작용을 이해한 요리사는 콩가루를 적합한 곳에 사용한다. 적합하지 않는 곳에 사용하면 웃음거리가 되고 바보糊涂라는 인상을 주게 된다. 《한제고汉制考》[22]의 기록에 따르면 제나라 사람은 국부麴麸를 매개체로 한다고 하였는데 매개체가 바로 콩가루라는 뜻이다.

俗名豆粉为纤者, 即拉船用纤也, 须顾名思义. 因治肉者要作团而不能合, 要作羹而不能腻, 故用粉以牵合之. 煎炒之时, 虑肉贴锅, 必至焦老, 故用粉以护持之. 此纤义也. 能解此义用纤, 纤必恰当. 否则乱用可笑, 但觉一片糊涂. 汉制考齐呼麴麸为媒, 媒即纤矣.

재료 선택 방법을 반드시 알아야 한다
选用须知

재료를 선택해서 쓰는 방법이다. 고기볶음은 볼기살后臀, 완자를 만들 때는 가슴살前夹心, 고기로 쓸 때는 큰 갈비뼈 아래 살硬短勒을 사용한다. 생선 편 볶음은 청어青鱼, 계어季鱼, 어송鱼松[23]을 만들 때는 혼어鲩鱼, 잉어鲤鱼,

---

22 《한제고汉制考》: 송대 왕응린王應麟이 편찬한 책으로 한대의 정치 사회제도에 관한 책

닭찜에는 암탉雌雞, 닭조림에는 거세한 닭騙雞, 육수를 낼 때는 노계, 닭을 쓸 때는 암탉으로 연한 것이 좋고, 오리는 수컷이 살이 많아 좋다. 순채蓴菜[24]는 머리, 미나리와 부추는 뿌리를 사용하는 등 모두 일정한 원칙이 있다. 나머지도 미루어 짐작이 가능하다.

> 选用之法, 小炒肉用後臀, 做肉圆用前夹心, 煨肉用硬短勒. 炒鱼片用青鱼, 季鱼, 做鱼松用鰱鱼, 鲤鱼. 蒸雞用雛雞, 煨鸡用騙雞, 取雞汁用老雞; 雞用雌才嫩, 鸭用雄才肥; 蓴菜用头, 芹韭用根, 皆一定之理. 餘可类推.

맛의 작은 차이를 반드시 알아야 한다
疑似须知

요리는 깊은 맛이 나야 하지만 느끼해서는 안 된다. 요리의 맛은 담백해야 하지만 싱거워서는 안 된다. 이 유사한 차이疑似는 "작은 차이로 천리를 잃는다差之毫厘, 失以千里."는 말과 같다. 맛이 농후한 것은 정결함을 많이 취하고, 찌꺼기糟粕를 제거함을 말한다. 만약 쓸데없이 느끼한 맛을 원하면 돼지기름을 들이마시는 것이 낫다. 맛이 깔끔하면 음식의 본래의 맛이 두드러져서 다른 잡맛이 들지 않는다. 만약에 완전히 담백한 맛만을 탐한다면 차라리 물을 마시는 것이 낫다.

> 味要浓厚, 不可油腻; 味要清鲜, 不可淡薄. 此疑似之间, 差之毫厘, 失以千里. 浓厚者, 取精多而糟粕去之谓也. 若徒贪肥腻, 不如专食猪油矣. 清鲜者, 真味出而俗尘無之谓也. 若徒贪淡薄, 则不如饮水矣.

---

23 어송鱼松: 어류의 근육 부분을 볶아 보송보송한 솜 상태로 만든 식품
24 순채蓴菜: 수련과 식물로 주로 탕의 재료로 사용

요리를 잘못 만들었을 때 수정하는 방법을 반드시 알아야 한다
补救须知

훌륭한 요리사는 탕羹을 끓일 때 간을 적당히 맞추고 원칙대로 부드럽게 하여 요리의 간을 다시 볼 필요가 없게 만들어야 한다. 그러나 부득이 일반 사람들이 하는 이야기를 들어보면 요리사는 요리할 때 싱겁게 만들지 언정 절대로 짜지 않게 해야 한다. 싱거우면 소금을 넣어서 고칠 수 있지만 짜면 다시 싱겁게 하기가 어렵다. 생선 요리를 할 때는 부드럽게 하고 단단하지 않게 한다. 부드러우면 더 익혀 단단하게 할 수 있지만 단단하면 다시 억지로 부드럽게 만들기 어렵다. 요리를 하면서 생기는 변화는 재료를 넣는 시간과 불의 세기에 따라 달라지기 때문에 자세히 관찰하도록 한다.

名手调羹, 鹹淡合宜, 老嫩如式, 原無需补救. 不得已为中人说法, 则调味者, 宁淡毋鹹, 淡可加盐以救之, 鹹则不能使之再淡矣. 烹鱼者, 宁嫩毋老, 嫩可加火候以补之, 老则不能强之再嫩矣. 此中消息, 于一切下作料时, 静观火色, 便可参详.

자기가 잘 할 수 있는 요리를 반드시 알아야 한다
本分须知

만주 요리满洲菜는 조림이 많고, 한족 요리汉人菜는 탕湯이 많은데 어려서부터 배우기 때문에 매우 잘 만든다. 한족이 만주인을 초청할 때, 만족이 한족을 초청할 때 각자 잘하는 요리를 만드니 맛이 신선하다. 자기의 걸음걸이까지 잊어버리게 되었다는 한단고보邯鄲故步[25]의 의미를 잊지 않은 것이다. 지금 사람들은 자기의 본분을 모두 잊고 다른 것이 좋다고 한다. 한족이 만주인을 초청할 때는 만주 요리, 만족이 한족을 초청할 때는 한족 요리를 낸다.

반대로 하면 표주박의 모양만 본뜬 것依样葫芦이라 유명무실하다. 호랑이 그림을 그릴 때 호랑이의 특성을 파악하지 못하면 도리어 호랑이를 그리려다가 개를 그리게 된다画虎不成, 反类犬. 수재가 과거시험장에 가서 전문적으로 자기만의 문장을 쓰도록 노력한다면 우수하고 출중하게 되어 자연히 기회가 생기는데 전적으로 한 스승의 문장만 모방하거나, 혹은 어떤 시험관의 문장만 모방한다면掇皮無眞 종신토록 과거에 급제할 수 없다.

满洲菜多烧煮, 汉人菜多羹汤, 童而习之, 故■[26]长也. 汉請满人, 满清汉人, 各用所长之菜, 转觉入口新鲜, 不失邯郸故步. 今人忘其本分, 而要格外讨好. 汉請满人用满菜, 满清汉人用汉菜, 反致依样葫蘆, 有名無实, 画虎不成反类犬矣. 秀才下场, 专作自己文字, 务极其工, 自有遇合. 若逢一宗师而摹做之, 逢一主考而摹仿之, 则掇皮無眞, 终身不中矣.

---

25 한단고보邯郸故步: 전국시대 연燕나라의 한 사람이 조趙나라의 수도 한단邯郸에 가보니 조나라 사람의 길 걷는 자세가 너무 아름다워 배우기기 시작했으나 배우지 못하고 자기의 원래 걷던 걸음걸이도 모두 잊어버리고 기어서 돌아왔다는 뜻이다. 《장자莊子·추수秋水》
26 인쇄가 번져 알아볼 수 없는 글자

요리사가 해서는 안 될 14계명
【 戒单 】

위정자는 좋은 일을 만드는 것보다 폐해를 없애 주는 것이 낫다. 음식의 폐단을 없앨 수 있으면 그는 반 이상을 깨달은 사람이다. 이에 계단(戒单)을 짓는다.

为政者兴一利, 不如除一弊. 能除饮食之弊, 则思过半矣. 作戒单.

쓸데없이 기름을 넣으면 안 된다
戒外加油

대부분의 요리사들은 요리할 때 돼지기름 한 솥을 끓여 놓고 요리를 낼 때 한 국자를 떠서 끼얹는데 느끼하다. 심지어는 제비집燕窝 같은 담백한 요리에 이렇게 하는 것은 옥의 티이다. 일반 사람들은 그것을 모르고 마파람에 게 눈 감추듯 먹는데长吞大嚼, 기름을 배에 들어붓는 격이다. 이런 사람들은 전생에 굶어 죽은 귀신이 다시 태어난 것이다.

俗厨製菜. 动熬猪油一锅, 临上菜时, 勺取而分浇之, 以为肥腻. 甚至燕窝至清之物, 亦復受此玷污. 而俗人不知, 长吞大嚼, 以为得油水入腹. 故知前生是饿鬼投来.

여러 재료를 모두 한 솥에 넣고 끓이면 안 된다
戒同锅熟

한 솥에 여러 재료를 모두 넣고 끓일 때의 폐단은 이미 '변환수지变换须知'에서 밝혔다.

同锅熟之弊, 已载前 '变换须知' 一条中.

요리 이름만 번드르르하게 지어서는 안 된다
戒耳餐

이찬耳餐이란 무엇인가? 이찬이라고 하는 것은 이름에 힘쓰는 것이다. 물건에 귀한 이름을 붙이는 것은 손님을 지나치게 존중하는 것이다. 이찬은 음식을 입으로 먹는 것이 아니다. 두부가 실제로 제비집보다 맛있다는 것을 모르고, 해물이 신선하지 않으면 채소나 죽순보다 못하다는 것을 모른다.

필자가 늘 이야기하듯이 닭, 돼지, 생선, 오리는 호걸스런 선비로서 각자 자기만의 독특한 맛으로 일가를 이룬 재료들이라고 생각한다. 그러나 해삼海参과 제비집은 아무 맛이 없기 때문에 다른 재료와 함께 요리를 해야만 한다. 필자는 일찍이 모태수의 집에 초대를 받아서 갔는데 물에 삶은 제비집(150g)을 항아리만큼 큰 그릇에 담아주었다. 맛이 없는데 사람들은 맛있다고 난리이다. 필자가 웃으며 말했다. "나는 여기에 제비집을 먹으러 왔지 제비집을 팔러온 것이 아니다." 팔 것은 있고, 먹을 것이 없다면 많은들 무슨 소용이 있겠는가? 만약에 단지 체면을 유지하기 위해서라면 그릇에 백여 개의 구슬을 담아주는 것이 만금의 가치가 있을 것이다. 먹을 수가 없으니 이를 어쩌겠는가.

何谓耳餐?耳餐者, 务名之谓也. 贪贵物之名, 夸敬客之意, 是以耳餐, 非口餐也. 不知豆腐得味, 远胜燕窝. 海菜不佳, 不如蔬笋. 余尝谓雞, 猪, 鱼, 鴨, 豪傑之士也, 各有本味, 自成一家. 海参, 燕窝, 庸陋之人也, 全無性情, 寄人籬下. 尝见某太守燕客, 大碗如缸. 白煮燕窝四两, 丝毫無味, 人争夸之. 余笑曰: "我辈来喫燕窝, 非来販燕窝也." 可販不可喫, 虽多奚为?若徒夸体面, 不如碗中竟放明珠百粒, 则價值万金矣. 其如吃不得何?

먹을 수 없는 요리를 늘어놓으면 안 된다
戒目食

무엇을 목식目食이라 하는가? 목식은 양이 많은 것을 탐하는 것이다. 지금 사람들은 식전방장食前方丈[1]의 이름을 흠모하여 접시를 많이 늘어놓고, 그릇을 포개어 놓는데 이것은 눈으로 먹는 것이지 입으로 먹는 것이 아니다.

명필가가 글을 쓸 때 많이 쓰다 보면 반드시 틀리는 글자가 있고 유명한 시인이 시를 쓸 때 반드시 중복되는 구절이 있다. 아주 유명한 요리사가 마음을 다하여 요리를 해도 하루에 만들 수 있는 맛있는 요리는 불과 네댓 가지일 뿐이다. 쉽지 않은 일인데 하물며 잡다하게 늘어놓아拉杂橫陈 무엇 하겠는가? 잡다한 연회 요리를 만들기 위하여 많은 사람들이 요리사를 돕지만 각자 자기 의견만 있고 규칙은 없어서 많으면 많을수록 나쁘다.

한 상인의 집에서 식사를 하였는데 요리를 세 단계三撤席로 나누어 올렸다. 그중 점심點心은 16가지였고 요리는 모두 40여 종이었다. 주인은 스스로 득의양양한데 필자는 연회가 끝나고散席 집에 와서 죽을 끓여 배를 채웠다. 생각해 보니 연회는 성대했지만 불결했다.

---

1 식전방장食前方丈: 진수성찬을 사방 열자로 늘어놓는 것이다. 《맹자孟子·진심장하盡心章下》

남조시대의 공림지孔琳之[2]는 "오늘날의 사람들은 입에 들어가는 것과 상관없이 가짓수가 많은 것을 좋아하는데 모두 눈을 즐겁게 하는 것들이다."라고 하였다. 늘어놓은 요리들肴撰橫陈이 훈제한 것, 찐 것 등으로 다양한데 비린내가 나고 비위생적이라면 조금도 기쁘지 않을 것이다.

何谓目食目食者, 贪多之谓也. 今人慕食前方丈之名, 多盘叠碗, 是以目食, 非口食也. 不知名手写字, 多则必有败笔; 名人作诗, 烦则必有累句. 極名厨之心力, 一日之中, 所作好菜不过四五味耳, 尚难拿准, 况拉杂橫陈乎? 就使帮助多人, 亦各有意见, 全無纪律, 愈多愈壞. 余尝过一商家, 上菜三撤席, 點心十六道, 共算食品将至四十餘種. 主人自觉欣欣得意, 而我散席还家, 仍煮粥充饥, 可想见其席之豊而不潔矣. 南朝孔琳之曰: 今人好用多品, 適口之外, 皆为悦目之资. 余以为肴饌橫陈, 熏蒸腥秽, 曰亦無可悦也.

억지로 이치에 맞지 않게 하면 안 된다
戒穿鑿

재료에는 본성이 있어서 억지로 이치에 맞게 할 필요가 없다. 자연의 이치를 따라야 하는데 억지로 만들려고 한다. 하필이면 왜 제비집과 같이 귀한 재료를 다져서 완자로 만들려 하는가? 해삼도 귀한 재료이다. 왜 해삼을 다져서 장醬을 만들려고 하는가? 수박을 썰어 놓은 뒤 시간이 지나면 신선하지 않는데 어떤 사람은 이것으로 고糕[3]를 만들려고 한다. 사과苹果가 너무 익어서 먹을 때 아삭한 맛이 없다고 사과를 쪄서 포脯[4]를 만들려고 한다.

---

2 공림지孔琳之: 진晉나라 때의 명사, 《공림지집孔琳之集》의 저자
3 고糕: 쌀가루, 밀가루 등에 기타 부재료를 넣어 만든 덩어리 모양의 식품
4 포脯: 전통적인 육류식품으로 특유한 향이 있고 저장이 가능하도록 말린 고기이다. 일반적으로 가축, 가금류, 어류, 육류를 원료로 하여 씻어서 절여서 짜서 햇볕에 말린 것으로 꿀에 절인 말린 과실류도 포라고 부른다.

《준생팔전遵生八箋》[5]의 추등병秋藤饼, 이립옹李笠翁[6]의 옥란고玉兰糕 등은 모두 억지로 예쁘게 만든 것이다. 이것은 땅 버드나무를 접어서 잔과 접시를 만드는 것以杞柳为杯棬[7]과 같이 원래 자연의 호탕한 본성을 잃게 하는 것이다. 또 일반적으로 일상의 도덕행위庸德庸行와 같은 것은 진정으로 해야 성인이 될 수 있는데 하필이면 숨어서 비밀리에 이상한 일索隐行怪을 할 필요가 있는가?

物有本性, 不可穿鑿为之. 自成小巧, 即如燕窝佳矣, 何必捶以为団? 海参可矣, 何必熬之为酱? 西瓜被切, 略迟不鲜, 竟有製以为糕者. 苹果太熟, 上口不脆, 竟有蒸之以为脯者. 他如《遵生八箋》之秋藤饼, 李笠翁之玉兰糕, 都是矫揉造作, 以杞柳为杯棬, 全失大方. 譬如庸德庸行, 做到家便是聖人何必索隐行怪乎?

요리를 미리 만들어 두었다 내면 안 된다
戒停頓

요리 맛을 최상의 상태에서 먹으려면 전적으로 프라이팬에서 꺼내자마자 바로極锋而试 먹어야 한다. 잠시라도 멈추게 되면 옷에 곰팡이가 피는 것과 같아서 비록 비단으로 수를 놓았더라도锦绣綺罗 답답하고晦闷 촌스럽게 느껴진다.

필자는 이전에 성질이 급한 주인을 보았다. 매번 손님을 초대할 때마다 음식을 준비해 두었다가 모든 요리를 한꺼번에 내갔다. 따라서 요리사가

---

5 《준생팔전遵生八箋》: 명대의 희곡작가인 고렴高濂이 지은 책으로 양생養生에 관한 전문서적

6 이립옹李笠翁: 이어李漁로 《한정우기閑情偶奇》의 저자

7 이기류위배권以杞柳为杯棬: 키버들로 나무 그릇을 만드는 일이다. 본성을 어기고 억지로 만듦을 비유한 것이다. 《맹자孟子·고자告子》

수원식단 隨園食單

52

풀코스로 내갈 요리를 모두 찜통에 넣어 두었다가 주인이 재촉하면 음식을 한꺼번에 내 놓는다. 이런 요리가 어떻게 맛이 있겠는가! 요리를 잘하는 사람이 한 접시, 한 그릇 정성을 다하여 만들어 내면 먹는 사람도 마파람에게 눈 감추듯 먹는다卤莽暴戾, 囫囵吞下. 이는 애가리哀家梨[8]라는 품질 좋은 과일을 받아놓고 신선할 때 먹지 않고 도리어 쪄서 먹는 것과 같다.

필자가 광동지역粤东에 갔을 때 양란파杨兰坡 명부明府[9]에서 드렁허리 수프鳝羹를 먹었는데 매우 맛이 있어서 그 방법을 물으니 "그 자리에서 잡아서 바로 요리하고, 바로 익히고, 바로 먹고, 지체하지 않았을 뿐이다."라고 하였다. 기타 재료도 모두 미루어 짐작할 수 있다.

> 物味取鲜, 全在起锅时極锋而试; 略为停顿, 便如霉过衣裳, 虽锦绣绮罗, 亦晦闷而舊气可憎矣. 尝见性急主人, 每摆菜必一齐搬出. 于是厨人将一席之菜, 都放蒸笼中, 候主人催取, 通行齐上. 此中尚得有佳味哉? 在善烹任者, 一盘一碗, 费尽心思; 在喫者, 卤莽暴戾, 囫囵吞下, 真所谓得哀家梨, 仍复蒸食者矣. 余到粤东, 食杨兰坡明府鳝羹而美, 访其故, 曰: "不过现杀现烹, 现熟现吃, 不停顿而已." 他物皆可类推.

재료를 낭비하면 안 된다
戒暴殄[10]

폭은 사람의 공을 긍휼히 여기지 않고, 진은 재료의 낭비를 애석해 하지 않는 것이다. 닭, 생선, 거위, 오리는 머리부터 꼬리까지 모두 맛있기 때문에 조금만 취하고 많이 버릴 필요가 없다. 자라를 요리할 때 등뼈 가장자

---

8 애가리哀家梨: 강소성에 있는 애중가哀仲家의 집에서 심은 맛이 좋은 배이다.
9 명부明府: 태수太守의 존칭
10 폭진暴殄: 물건을 아끼지 않는다는 뜻이다.

리의 연골만 맛있다고 하고 살이 맛이 있다는 것을 모른다. 미꾸라지鰍鱼를 찔 때는 그 부레만을 취하지만 등이 더 맛있다는 것을 모르는 것이다.

보잘것없는 재료로 소금에 절인 달걀醃蛋만한 것이 없다. 소금에 절인 달걀이 노른자는 맛이 있고 흰자는 맛이 없다고 해서 흰자를 버리고 노른자만 먹으면 먹는 사람이 맛이 없다索然고 느낀다. 필자가 이렇게 말하는 것은 속인들처럼 덕을 쌓기 위해서 그러는 것이 아니다. 만약에 재료를 낭비해서 음식이 더 맛있어진다면 오히려 말이 된다. 그러나 낭비하는 것이 요리에 손해를 끼친다면 무엇 때문에 그렇게 하겠는가?

센 불에 살아 있는 거위의 발을 굽고, 칼로 살아 있는 닭의 간을 자르는 일을 군자는 해서 안 될 일이다. 어찌 그리할 수 있겠는가. 가축은 사람을 위하여 쓰이는 것이므로 잡은 다음 요리를 해야지, 가축으로 하여금 죽고 싶어도 죽을 수 없는 그런 일을 해서는 안 된다.

暴者不恤人功, 殄者不惜物力. 雞, 鱼, 鹅, 鸭, 自首至尾, 俱有味存, 不必少取多棄也. 尝见烹甲鱼者, 专取其裙而不知味在肉中; 蒸鲥鱼者, 专取其肚而不知鲜在背上. 至贱莫如醃蛋, 其佳处虽在黄不在白, 然全去其白而专取其黄, 则食者亦觉索然矣. 且予为此言, 并非俗人惜福之谓, 假使暴殄而有益于饮食, 猶之可也. 暴殄而反累于饮食, 又何苦为之? 至于烈炭以炙活鹅之掌, 剸刀以取生雞之肝, 皆君子所不为也. 何也物为人用, 使之死可也, 使之求死不得不可也.

술로 인하여 방종하면 안 된다
戒纵酒

일의 옳고 그름은 오로지 깨어 있는 사람만이 알 수 있고 맛의 좋고 나쁨 또한 오로지 깨어 있는 사람만이 알 수 있다. 이윤伊尹[11]이 이르기를, "맛의 진정한 차이는 말로는 표현할 수 없다."고 했는데 술 취해 떠드는 사람呼呶酗酒이 어찌 맛을 표현할 수 있을까. 놀이하는 무리들拇战之徒이 맛있는 음식을 나뭇조각 씹듯 하는 일도 왕왕 본다. 오로지 술 마시는 데만 힘쓴다면 그 나머지로 맛의 도治味之道를 어찌 알 수 있을까. 만부득이 마셔야 한다면 먼저 정찬正席에서 요리를 먹고 정찬이 끝나면撤席 술을 마시는 것이 요리도 먹고 술도 마실 수 있는 방법이다.

事之是非, 惟醒人能知之; 味之美恶, 亦惟醒人能知之. 伊尹曰: "味之精微, 口不能言也." 口且不能言, 岂有呼呶酗酒之人, 能知味者乎?往往见拇战之徒, 啖佳菜如啖木屑, 心不存焉. 所谓惟酒是务, 焉知其餘, 而治味之道扫地矣. 萬不得已, 先于正席尝菜之味, 後于撤席逞酒之能, 庶乎其两可也.

솥에 모든 재료를 넣어 끓이면 안 된다
戒火锅

겨울철 손님 접대에는 화과火锅[12]가 제격인데 손님 앞에서 탕이 펄펄 끓으면 미리 질린다. 각 재료의 맛은 화력에 의해서 결정된다. 약한 불에 익혀야 하는 것이 있고, 센 불에 익혀야 하는 것이 있다. 재료를 꺼내야 할 때가 있고 넣어야 할 때가 있는데 순간 구분하기가 어렵다.

지금 일례로 불이 사그라들면 그 맛이 어떻겠는가? 최근에는 목탄 대신 소주를 쓰는 데 좋은 생각이다. 그러나 재료가 얼마만큼 끓었는지 몰라서 늘 맛이 변한다. 혹자는 요리가 식으면 어떻게 하느냐고 묻는다. 필자는 "끓는 솥에서 건진 재료를 손님이 기다리지 않고 바로 먹도록 하면 되지 어

---

11 이윤伊尹: 상나라 탕왕 때의 재상
12 화과火锅: 솥 중앙의 화로에 불을 피우고 얇게 썬 고기나 채소 등을 넣어 끓여 먹는 요리

찌 남겨서 식히는가. 그것이 바로 맛없게 하는 것이다.”라고 말하고 싶다.

冬日宴客, 惯用火锅. 对客喧腾, 已属可厌. 且各菜之味, 有一定火候, 宜文
宜武, 宜撤宜添, 瞬息难差. 今一例以火逼之, 其味尚可问哉 近人用烧酒代
炭, 以为得计, 而不知物经多滚, 总能变味. 或问: 菜冷奈何 曰: 以起锅滚热
之菜, 不使客登时食尽, 而尚能留之以至于冷, 则其味之恶劣可知矣.

식사할 때 손님한테 강요하면 안 된다
戒强让

손님을 초대하는 예의를 갖추어야 한다. 한 가지 요리가 올라오면 손님
이 직접 젓가락을 들어 살코기를 집던지, 비계를 집던지, 덩어리를 집던지,
조각을 집던지 간에 각자 좋아하는 것을 손님이 선택하게 하는 것이 도리인
데 어찌하여 손님에게 강요强勉하는가?

주인이 젓가락으로 음식을 집어서 손님 앞에 놓아주려 하는데 접시에
는 물기가 가득하고 그릇에는 더 이상 놓을 곳이 없으니 손님들도 싫어한
다. 반드시 알아야 할 것은 손님이 손이 없는 사람도 아니고, 눈이 없는 사
람도 아니고, 또 어린이나 신부가 아니기 때문에 수줍음을 타거나 배고픔
을 참는 사람도 아니다. 하필 촌의 어린아이 대하듯 하는가? 이는 손님을
게으르게 만드는 행위이다. 최근 기생집倡家에서 더욱이 이러한 종류의 많
은 악습이 있는데 젓가락으로 요리를 집어서 강제로 사람의 입에 넣어주는
것은 거의 강간과 같은 것이라서 죽을 지경이다.

장안에 손님을 초대하기를 좋아하는 사람이 있는데 그 집 요리는 맛
이 없다. 한 손님이 주인에게 물었다. “저하고 좋은 친구라고 생각하세요?”
라고 묻자 주인이 “당연히 좋은 친구이지요.”라고 대답했다.” 그러자 손님이
꿇어 앉아 청하기를 “정말 좋은 사이라면 제가 바라는 바가 있는데 반드시

윤허해주시면 일어나겠습니다."라고 하였다. 주인이 놀라서 무슨 부탁인지 묻자 "이후에 귀하의 집에서 잔치를 베풀 때 초대하지 말아주세요."라고 말하여 모든 손님들이 크게 웃었다.

> 治具宴客, 禮也. 然一肴既上, 理宜憑客舉箸, 精肥整碎, 各有所好, 聽從客便, 方是道理, 何必强勉让之? 常见主人以箸夹取, 堆置客前, 汗盘没碗, 令人生厌. 须知客非無手無目之人, 又非兒童, 新妇, 怕羞忍饿, 何必以村嫗小家子之见解待之? 其慢客也至矣! 近日倡家, 尤多此種恶习, 以箸取菜, 硬入人口, 有类强姦, 殊为可恶. 长安有甚好请客而菜不佳者, 一客问曰："我與君算相好乎?"主人曰："相好!"客跽而請曰："果然相好, 我有所求, 必允许而後起." 主人驚问；"何求". 曰："此後君家宴客, 求免见招." 合坐为之大笑.

기름기가 날아가면 안 된다
戒走油

무릇 생선, 고기, 닭, 오리 등은 기름기가 많은 재료이다. 그러나 그 기름이 고기 안에 있고 탕에 흘러나오지 않아야 그 맛이 남아 있고 흩어지지 않는다. 만약 고기 속의 기름이 탕에 반쯤 우러나오면 탕의 맛이 다시 고기 속으로 들어가지 않는다. 추측하건대 그 잘못은 세 가지이다. 첫 번째는 불이 너무 강해서 수분이 증발하여 중간에 물을 여러 번 더 넣었다. 두 번째는 불을 갑자기 꺼버렸다. 세 번째는 어느 정도 되었겠지 생각하여 뚜껑을 자주 열어 기름기가 날아가 버렸다.

凡鱼, 肉, 雞, 鴨, 虽極肥之物, 总要使其油在肉中, 不落汤中, 其味方存而不散. 若肉中之油, 半落汤中, 则汤中之味, 反在肉外矣. 推原其病有三: 一惧于火太猛, 滚急水乾, 重番加水; 一惧于火势忽停, 既断復续; 一病在于太要相度, 屡起锅蓋, 则油必走.

음식이 틀에 박히면 안 된다
戒落套

당나라 때의 시는 가장 아름답다. 그러나 명가에서는 오언팔운의 시첩五言八韵之试帖[13]을 선택하지 않는다. 왜냐하면 틀에 박혔기 때문이다. 시가 이러하니 먹는 것 또한 그럴 것이다. 오늘의 정가 요리官场之菜에는 각각 16접시十六碟, 8궤八簋, 4개의 점심四点心[14] 같은 명칭이 있고 만한전석满汉席[15]의 명칭이 있으며, 8가지 샤오츠八小吃라 부르는 것과 10가지 주요리十大菜라는 명칭이 있는데, 이것은 모두 세속적인 이름이고 모두 요리 못하는 요리사의 고루한 습관들이다.

단지 써 먹을 수 있는 것들은 갓 결혼한 신랑, 신부가 인사 왔을 때, 상사가 왔을 때 인사하는 것뿐이다. 이것에 덧붙여 할 수 있는 것들은 의자에 옷을 입히고椅披 탁자에 치마를 입히고桌裙, 병풍을 놓고插屏, 탁자를 놓고香案 인사를 과하게 해야三揖百拜 하는 것뿐이다. 그런데 집에서 잔치를 할 때 술자리에서 시를 읊고 문장을 짓는데文酒开筵 어찌 이와 같은 악습을 쓸 수 있겠는가. 반드시 접시와 그릇의 크기가 달라야 하고 요리도 여러 가지가 어

---

13 오언팔운지시첩五言八韵之试帖: 당대로부터 시작한 역대 봉건왕조에서 정한 과거시험 답안지 격식
14 사점심四點心: 4가지의 디저트이다. 즉, 정찬 외의 분량이 적은 음식으로 고糕, 병餠, 포包 등의 찌고 튀기고 구운 식품 4가지를 말한다.
15 만한석满汉席: 만주족과 한족 풍미의 음식을 함께 차린 연회 요리

청대의 연회 모습

우러져야^{整散杂进} 비로소 귀한 기상이 느껴진다. 필자의 집에서 생일잔치와 혼사 때 5~6탁자를 차리는데 밖에서 요리사를 불러왔더니 또 틀에 박힌 대로 하였다. 필자가 요리사를 훈련시켜서 법의 이치에 맞게 하도록 하였더니^{範我驰驱} 결국 요리가 서로 다른 맛이 났다.

唐诗最佳, 而五言八韵之试帖, 名家不选, 何也以其落套故也. 诗尚如此, 食亦宜然. 今官场之菜, 名號有"十六碟", "八簋", "四點心"之稱, 有"满汉席"之稱, 有"八小喫"之稱, 有"十大菜"之稱, 種種俗名, 皆恶厨陋习. 只可用之于新亲上门, 上司入境, 以此敷衍, 配上椅披桌裙, 插屏香案, 三揖百拜方稱. 若家居懽宴, 文酒开筵, 安可用此恶套哉必须盘碗参差, 整散杂进, 方有名贵之氣象. 余家寿筵婚席, 动至五六桌者, 传唤外厨, 亦不免落套. 然训练之, 卒範我驰驱者, 其味亦终竟不同.

음식이 혼탁하면 안 된다
戒混浊

혼탁이라 함은 절대로 농후함을 말하는 것이 아니다. 탕도 마찬가지이다. 눈으로 보았을 때 검지도 않고 희지도 않은 것이 항아리 안의 저어놓은 소금물과 같다. 먹었을 때 담백하지도 않고 느끼하지도 않은 것이 염색 단지의 물을 쏟아 놓은 것과 같은 색과 맛이라면 참기가 어렵다.

수정하는 방법은 재료를 씻고, 조미료를 더하고 물을 붓고 가열하여 신맛이 나는지 단맛이 나는지 관찰해 보아야 한다. 먹는 사람이 혀에서 껍질이 있는 것 같거나 혹은 막이 느껴지면 안 된다. 경자전庚子田[16]은 논문에서 이르기를 "무의미한 형태로 조금의 순진한 기운도 없으며, 혼탁한 모양으로 속세의 이익만 쫓는다索索無眞氣, 昏昏有俗心."고 했는데 이것이 혼탁이다.

混浊者, 並非浓厚之谓. 同一湯也, 望去非黑非白, 如缸中搅浑之水. 同一滷也, 食之不清不膩, 如染缸倒出之浆. 此種色味令人难耐. 救之法, 总在洗净本身, 善加作料, 伺察水火, 體验酸醎, 不使食者舌上有隔皮隔膜之嫌. 庚子田论文云: "索索無眞氣, 昏昏有俗心." 是即混浊之谓也.

음식을 대강대강 해서는 안 된다
戒苟且

어떤 일이든 대강대강 해서는 안 된다. 음식은 더욱 그러하다. 요리사는 모두 소인小人下材들이라 하루하루 상벌을 주지 않으면 태만해진다. 오늘 불기운이 부족해서 덜 익은 음식을 겨우 넘겼는데 다음날의 요리는 더더욱 덜 익어 음식의 참맛도 이미 없어진 상태로 나온다.

---

16 경자전庚子田: 경신庚信으로 자字는 자산子山, 남북조시대의 문학가이다(531~581).

말하려다 참고 말을 하지 않으니 그 다음 끓인 탕은 더욱 대강대강 해서 끓여왔다. 거기서 그치지 않으니 상주고 벌준 것이 소용이 없다. 잘 된 것은 잘 된 까닭을 반드시 가르쳐줘야 하고 잘못된 것은 잘못된 까닭을 반드시 가르쳐 줘야 한다. 짜야 하는 요리는 짜게 만들어야 하고 담백해야 할 요리는 담백해야지 조금이라도 가감해서는 안 된다. 불의 조절도 반드시 정해진 규칙에 따라서 조절해야 하며 요리를 담는 것도 마음대로 담아서는 안 된다.

요리사가 편안함을 추구하면 먹는 사람이 마음대로 먹게 되니 모두 음식의 폐단이 된다. 묻고, 신중하게 생각하고 올바로 판단하는 것이 학문하는 방법이다. 언제든 지적하고 가르치고 배우면서 서로 성장하는 것이 스승의 도이다. 어찌 맛만 그렇지 아니하겠는가?

凡事不宜苟且, 而于饮食尤甚. 厨者, 皆小人下材, 一日不加赏罚, 则一日必生怠玩. 火齐未到 而姑且下咽, 则明日之菜必更加生. 真味已失而含忍不言, 则下次之羹必加草率. 且又不止空赏空罚而已也. 其佳者, 必指示其所以能佳之由; 其劣者, 必寻求其所以致劣之故. 鹹淡必适其中, 不可丝毫加减; 久暂必得其當, 不可任意登盘. 厨者偷安, 喫者随便, 皆饮食之大弊. 审问慎思明辨, 为学之方也; 随时指點, 教学相长, 作师之道也. 于味何独不然?

해선류

【 海鮮單 】

옛날의 팔진(八珍)[1]에는 해선에 관한 말이 전혀 없다. 지금은 사람들이 좋아하기 때문에 부득불 대중을 따르지 않을 수 없어 해선단을 짓는다.

古八珍, 并無海鮮之說. 今世俗尚之, 不得不吾从众. 作海鮮单.

제비집

燕窩

제비집은 귀한 재료이다. 본래 가벼이 쓸 수 없다. 만약 쓴다면 한 그릇당 2량(75g)의 제비집을 담아 먼저 끓는 빗물天泉水에 담고, 은침으로 검은색 실을 뽑아내고 연한 닭고기탕嫩雞湯과 좋은 화퇴탕火腿湯, 신선한 3가지 버섯新蘑菇과 함께 끓인다. 제비집이 옥색이 나면 된다.

제비집을 맑게 하기 위해서는 느끼한 잡물이 있어서는 안 된다. 제비집에 부드러운 재료는 함께 꿰도 되고 단단한 재료와는 함께 꿰지 않는다. 지금 사람들은 돼지고기를 채 썰어서 섞거나 닭고기를 채 썰어 넣는데 이는 돼지고기와 닭고기를 먹는 것이지 제비집을 먹는 것이 아니다. 쓸데없이 그 이름에만 힘쓰는 것이다. 왕왕 3전(11g)짜리 생 제비집으로 덮은 국수가 있

---

1 팔진八珍: 순오淳熬, 순무淳毋, 포돈炮豚, 포양炮羊, 도진擣珍, 지漬, 오熬, 간료肝膋《주례周禮·천관天官》

는데 백발 몇 가닥이라 손님이 한 가닥 들어 올리면 더 이상 없고―撩不见 그 릇에 잡다한 것만 가득하다.

'거지가 돈 많은 사람의 모양을 본 따려 한다면 없는 티가 더 난다.' 그 러나 부득이 넣어야 한다면 버섯채蘑菇絲, 죽순채, 붕어부레, 연한 야생 닭고 기편은 늘 이용할 수 있는 것이다. 필자가 광동에 갔을 때 양명부에서 먹은 동과제비집이 매우 맛이 있었다. 부드러운 재료에 부드러운 부재료를 배합 하였고 맑은 것에 맑은 것을 더하였으며 진한 닭 육수와 버섯즙을 사용하 였기 때문이다. 제비집은 모두 옥색이라 완전히 백색은 아니다. 다져서 완자 로 만들거나, 혹은 두드려 면으로 만드는데 모두 이치에 맞지 않는 일穿鑿에 속한다.

燕窝贵物, 原不轻用. 如用之, 每碗必须二两, 先用天泉滚水泡之, 将银针 挑去黑丝. 用嫩雞汤, 好火腿湯, 新蘑姑三样汤滚之, 看燕窝变成玉色为 度. 此物至清, 不可以油腻杂之; 此物至文, 不可以武物串之. 今人用肉丝, 雞丝杂之, 是喫雞丝, 肉丝, 非喫燕窝也. 且徒务其名, 往往以三钱生燕窝 蓋碗面, 如白髮数茎, 使客一撩不见, 空剩蠡物浦碗. 眞乞儿賣富, 反露貧 相. 不得已则蘑菇丝, 笋尖丝, 鲫鱼肚, 野雞嫩片尙可用也, 余到粤东, 杨明 府冬瓜燕窝甚佳, 以柔配柔, 以清入清, 重用雞汁, 蘑菇汁而已. 燕窝皆作五 色, 不纯白也. 或打作团, 或敲成麵, 俱属穿鑿.

해삼 요리법 세 가지
海蔘三法

해삼은 맛이 없는 재료이다. 모래가 많고 비린내가 나서 처리하기가 가 장 어렵다. 따라서 선천적으로 농후한 재료는 절대로 맹물清湯에 끓여서는 안 된다. 반드시 뾰족한 가시가 있는 해삼을 선택하여 먼저 물에 담가 모래를 제거하고 육수를 붓고 세 번 끓인다. 닭고기와 돼지고기 두 가지로 만든 육수를 넣고 간장을 넣어 붉게 조리면서红煨海蔘, 표고버섯, 목이버섯 등 갈색이 나는 부재료를 넣는다. 대개 내일 손님을 초대하면 하루 전날 미리 조려야 해삼이 부드럽다. 늘 보아온 전 관찰가는 여름에 겨자芥末를 사용하여 닭 육수와 해삼을 넣고 차게 무쳤는데拌冷 심히 아름다웠다.

혹은 해삼을 아주 작은 정육면체로 다진다. 죽순과 표고버섯香蕈을 정육면체로 썰어 닭 육수에 넣고 졸여서 갱을 만든다. 장시랑의 집에서 사용한 두부피, 닭다리, 버섯을 넣고 조린 해삼 맛이 아주 좋다.

海参, 無味之物, 沙多氣腥, 最难讨好, 然天性■²重, 断不可以清汤煨也. 须检小刺参, 先泡去沙泥, 用肉湯滚泡三次, 然後以雞, 肉两汁红煨極烂, 辅佐则用香蕈, 木耳, 以其色黑相似也. 大抵明日請客, 则先一日要煨, 海参才烂. 常见钱观察家, 夏日用芥末, 雞汁拌冷海参丝, 甚佳. 或切小碎丁, 用笋丁, 香蕈丁入雞汤煨作羹. 蒋侍郎家用豆腐皮, 雞腿, 蘑菇煨海参, 亦佳.

64

상어지느러미 요리법 두 가지
鱼翅二法

상어지느러미는 불리기가 어렵다. 반드시 이틀은 끓여야 단단한 것이 부드러워진다. 상어지느러미를 불리는 방법은 두 가지가 있다. 좋은 화퇴, 좋은 닭 육수에 신선한 죽순鲜笋, 얼음사탕을 더하여 푹 끓인다. 이것이 한 가지 방법이다. 순전히 닭 육수에 무를 가늘게 채 썰어 꼬치에 꿰어 상어지느러미를 다져서 그 사이에 끼워 넣으면 그릇 위에 뜬다. 먹는 사람이 무채인지 상어지느러미인지 구분할 수 없다.

2 인쇄가 번져 알아볼 수 없는 글자

또 한 가지 방법은 화퇴를 사용할 때는 탕이 적은 것이 좋고, 무채를 사용할 때는 탕이 많은 것이 적합하다. 어떤 방법을 선택하든지 상어지느러미가 부드럽게 어우러지면 좋다. 해삼이 덜 불어 단단하면 코를 찌르고 상어지느러미가 단단하면 접시 밖으로 나가니 우스운 꼴이 된다. 오도사의 집에서 만든 상어지느러미는 비늘을 벗길 필요가 없이 단독으로 두꺼운 윗부분을 사용하니 또한 풍미가 좋다. 채 썬 무는 반드시 물을 세 번 갈아주어야 날내가 빠져 나간다. 곽경례郭耕禮의 집에서 늘 상어지느러미볶음 요리를 먹었는데 절묘했다. 애석하게도 지금은 그 방법이 전해지지 않는다.

전복
鰒鱼

전복은 얇게 썰어 볶아서 먹으면 아주 맛있다. 양중승의 집에서 편으로 썰어 닭고기 두부탕에 넣었는데 이를 전복두부라고 불렀다. 위에 진조유陳糟油[3]를 뿌렸다. 장태수莊太守는 전복을 큰 것 한 덩어리에 오리를 한 마리 넣고 끓였는데 색다른 맛이 있었다. 단, 그 성질이 단단하여 썰어도 썹히지 않아 3일간 뭉근하게 끓였더니 비로소 부드러워졌다.

---

3 진조유陳糟油: 술지게미를 주원료로 만든 조미료

鰒鱼炒薄片甚佳. 杨中丞家, 削片入雞汤豆腐中, 號稱"鰒鱼豆腐"; 上加陈糟油浇之. 莊太守用大块鰒鱼煨整鸭, 亦别有风趣. 但其性坚, 终不能齿决, 火煨三日, 才拆得碎.

말린 홍합
淡菜

말린 홍합은 돼지고기와 탕을 끓이면 맛이 시원하다. 홍합살은 취하고 가운데 단단한 부분은 버리고 술에 볶아도 좋다.

淡菜煨肉加汤, 颇鲜. 取肉去心, 酒炒亦可.

해언
海蜒

해언은 영파宁波지역에서 잡히는 작은 생선이다. 맛은 잔 새우虾米와 같고, 달걀과 함께 찌면 좋고 반찬小菜으로 만들어도 좋다.

海蜒, 宁波小鱼也. 味同虾米. 以之蒸蛋甚佳. 作小菜亦可.

오어단
乌鱼蛋

오어단은 가장 산뜻한 재료이지만 만들기가 어렵다. 반드시 하천의 물을 끓여 모래를 없애고 비린내가 나지 않게 하고 다시 닭고기 육수를 더한 다음 버섯을 넣고 무르게 조린다. 공운암龚云巖의 사마가司马家에서 만든 것을 제일로 친다.

乌鱼蛋最鲜, 最难服事. 须河水滚透, 撤沙去膜, 再加雞汤, 蘑菇煨烂. 龚云
巖司马家, 製之最精.

패주
江瑶柱

패주는 영파지역에서 산출된다. 처리방법은 새꼬막과 긴 맛살과 동일
하다. 그 신선하고 아삭한 맛은 기둥에 있기 때문에 껍질을 벗길 때 버리는
것이 많고 취할 것이 적다.

江瑶柱出寧波, 治法與蚶, 蟶同. 其鮮脆在柱, 故剖殻时, 多棄少取.

굴
蠣黄

굴은 돌 위에서 자란다. 돌生石子에 껍질이 붙어서 떨어지지 않는다. 껍
질을 깨서 속에 있는 것으로 탕을 끓이면 새꼬막 조개와 유사하다. 일명 귀
안이라고도 한다. 락청乐清, 봉화奉化 두 현에서 산출되고 다른 지역에서는
나지 않는다.

蠣黄生石子上. 殼與石子胶粘不分. 剥肉做羹, 與蚶, 蛤相似, 一名鬼眼. 乐
清, 奉化两县土产; 别地所無.

자주 먹는 생선류
【 江鮮單 】

곽박(郭璞)[1]이 지은 《강부(江賦)》에는 많은 어종이 있다. 지금 가장 자주 보는 생선을 골라 이곳에 모아서 강선단을 짓는다.

郭璞《江賦》鱼族甚繁, 今择其常有者治之. 作江鲜单.

갈치 요리법 두 가지
刀鱼二法

갈치는 밀주낭蜜酒娘[2]과 간장과 함께 접시에 담아두었다가 준치요리법과 같은 방법으로 찌면 제일 좋다. 물을 넣을 필요는 없다. 만약 가시가 많아서 싫으면 잘 드는 칼로 생선을 얇게 저민 다음 족집게로 가시를 집어낸다. 화퇴탕, 닭 육수, 죽순탕에 끓이면 신선한 맛이 절묘하다. 남경金陵 사람들은 생선에 가시가 많은 것을 싫어하여 기름에 바싹 구운 다음 지진다. 속담에 이르기를 "낙타 등을 평편하게 만들면 낙타는 죽는다駝背夹直, 其人不活."는 말은 이를 두고 한 말이다.

혹은 예리한 칼快刀을 써서 생선 등을 비스듬히 갈라 잔뼈를 더 잘게

---

1 곽박郭璞: 동진東晉시대 문학가로, 강을 주제로 한 부賦인 《강부江賦》를 지었다.
2 밀주낭蜜酒娘: 술지게미

부스러뜨린 다음 다시 솥에 넣고 끓여 노랗게 변하면 양념作料을 넣는다. 먹을 때 뼈가 있는 줄 모른다. 무호蕪湖의 도대태법이다.

刀鱼用蜜酒娘, 清酱, 放盘中, 如鰣鱼法, 蒸之最佳, 不必加水. 如嫌刺多, 则将極快刀刮取鱼片, 用钳抽去其刺. 用火腿汤, 雞汤, 笋汤煨之, 鲜妙绝伦. 金陵人畏其多刺, 竟油炙極枯, 然後煎之. 谚曰："驼背夹直, 其人不活." 此之谓也. 或用快刀, 将鱼背斜切之, 使碎骨尽断, 再下锅煎黄, 加作料. 临食时竟不知有骨, 蕪湖陶大太法也.

준치
鰣鱼

준치는 밀주蜜酒[3]를 넣어 쪄서 먹는다. 갈치 요리법과 같이 처리하면 더욱 아름답다. 혹은 기름을 사용하여 지지면 좋다煎. 간장과 술지게미酒娘를 더하면 더 좋다. 만약 작은 조각을 썰어서 닭고기 육수를 넣고 끓이거나 등을 제거하고 생선 배 부분의 껍질만 끓이면 진정한 맛을 모두 잃어버리게 된다.

鰣鱼用蜜酒蒸食, 如治刀鱼之法便佳. 或竟用油煎, 加清酱, 酒娘亦佳. 萬不可切成碎块, 加雞汤煮; 或去其背, 专取肚皮, 则真味全失矣.

---

3 밀주蜜酒: 꿀로 빚은 술

상어
鱘鱼

윤문단공은 자신이 만든 심어[4]가 가장 맛있다고 자랑하는데 너무 오랫동안 졸여서 맛이 농하고 탁했다. 오히려 소주苏州의 당 씨 집에서 먹은 황어편鳇鱼片이 가장 맛있었다. 그 방법은 생선을 얇게 썰어 기름에 튀긴 후 술과 간장을 넣고 30여 차례 더 끓인다. 물을 붓고 다시 끓여 낸 다음 양념을 더한다. 소금과 간장에 재워 부드럽게 만든 생강瓜姜, 다진 파를 많이 넣으면 그 맛이 좋다.

또 한 가지 방법은 생선을 물에 넣고 펄펄 끓여 익으면 건져 큰 뼈를 제거하고 살을 네모나게 잘게 썬 다음 연골明骨을 다시 잘게 썬다. 닭 육수에서 거품을 건져내고 먼저 연골을 넣어 80% 정도 익으면 술, 간장, 생선살을 다시 넣는다. 솥에 넣고 20% 정도 무르게 조린 다음 파와 산초, 부추를 더한다. 생강즙 큰 잔으로 1잔을 넣는다.

> 尹文端公, 自夸治鱘鱼星最佳, 然煨之太熟, 颇嫌重浊. 惟在苏州唐氏, 喫炒鳇鱼片甚佳, 其法切片油炮, 加酒, 秋油滚三十次, 下水再滚起锅, 加作料, 重用瓜, 薑, 葱花. 又一法, 将鱼白水煮十滚, 去大骨, 肉切小方块, 取明骨切小方块; 雞汤去沫, 先煨明骨八分熟, 下酒, 秋油, 再下鱼肉, 煨二分烂起锅, 加葱, 椒, 韭, 重用薑汁一大杯.

조기
黄鱼

조기를 잘게 썬다. 간장과 술에 2시간时辰 담아 두었다가 물기를 뺀다.

---

4 심어鱘鱼: 철갑상어과에 속하는 생선

팬에 넣고 강한 불에 볶는다爆. 양면이 모두 노릇노릇해지면 금화金华의 두시豆豉⁵ 찻잔으로 1잔, 술지게미䜴酒⁶ 1그릇, 간장은 작은 잔으로 1잔을 넣고 함께 끓인다. 잠시 후 즙이 붉은 색이 되면 설탕을 넣고 과강을 넣고 건진다. 담가두어 진해지면 좋다. 또 다른 방법은 조기를 잘게 썰어 닭고기 육수를 넣어 탕을 끓인다. 춘장甜酱을 약간 넣고 콩가루를 넣어 걸쭉해졌을 때 건져도 좋다. 대부분의 조기 요리는 농후한 맛이 나야지 담백한 맛이 나면 안 된다.

> 黄鱼切小块, 酱酒鬱一个时辰, 沥乾. 入锅爆炒, 两面黄, 加金华豆豉一茶杯, 䜴酒一碗, 秋油一小杯, 同滚. 候滷乾色红, 加糖, 加瓜薑收起, 有沉浸浓郁之妙. 又一法, 将黄鱼拆碎, 入雞湯作羹, 微用甜酱水, 縛粉收起之, 亦佳. 大抵黄鱼亦系浓厚之物, 不可以清治之也.

반어
班鱼

반어⁷는 가장 부드럽다. 껍질을 벗기고 지저분한 부분은 없앤다. 생선 살과 간으로 나눈다. 닭 육수에 넣어 끓인다. 술 3분(1g), 물 2분(7.4g), 간장 1분(0.37g)을 넣고, 건져서 생강즙을 큰 그릇으로 1그릇 뿌리고, 여러 뿌리의 파를 넣어 비린내를 없앤다.

---

5 두시豆豉: 황두, 흑두를 주원료로 하여 쪄서 발효시킨 조리원료
6 첨주甜酒: 술지게미
7 반어班鱼: 몸에 띠무늬가 있는 우럭을 닮은 생선

> 班鱼最嫩, 剥皮去秽, 分肝, 肉二種, 以雞汤煨之, 下酒三分, 水二分, 秋油
> 一分; 起锅时, 加薑汁一大碗, 葱数茎, 杀去腥氣.

가짜 게 요리
假蟹[8]

　조기 두 마리를 삶아, 생선살은 취하고 뼈는 버린다. 생염단 4개를 깨서 생선살과 섞지 말고 팬에 기름을 뜨겁게 하여 닭 육수를 넣어 끓으면 소금물에 절인 알生盐蛋을 넣고 고루 젓는다. 표고버섯, 파, 생강즙, 술을 넣고 먹을 때 식초를 찍어 먹는다.

> 煮黄鱼二条, 取肉去骨, 加生盐蛋四个, 调碎, 不拌入鱼肉; 起油锅炮, 下雞
> 汤滚, 将盐蛋搅匀, 加香蕈, 葱, 薑汁, 酒, 喫时酌用醋.

수원식단 隨園食單

---

8 가해假蟹: 실제로는 조기 수프지만 짠 달걀을 넣어 요리색이 게 요리처럼 보이기 때문에 가짜 게라는
뜻으로 가해라고 하였다.

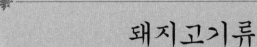

돼지고기류
【 特牲单 】

돼지고기는 쓰임새가 가장 많기 때문에 "걸출한 축생(廣大教主)"이라고 부른다.
옛사람들은 돼지고기로 제사를 지냈기 때문에 특생[1]단을 짓는다.

猪用最多. 可稱廣大教主. 宜古人有特豚饋食之禮. 作特牲单.

돼지머리 요리법 두 가지
猪头二法

돼지머리 5근짜리는 깨끗이 씻어 술지게미 3근에 담그고, 7~8근짜리
는 술지게미糟酒 5근에 담근다. 먼저 돼지머리를 솥에 넣고 술과 함께 끓인
다음 파 30뿌리, 팔각八角 3전(11g)을 넣고 200여 번 끓인다. 간장을 큰 잔
으로 1잔 넣고 설탕 1냥(37.5g)을 넣는다. 익기를 기다렸다가 짠지 싱거운지
맛을 본 다음 다시 간장을 가감한다. 돼지머리 위로 1촌(3cm) 정도 잠길 정
도로 끓는 물을 붓고 무거운 물건으로 눌러둔다. 센 불로 향이 1개 정도 탈
정도의 시간 동안-炷香 졸인 다음 센 불을 약한 불로 줄여 국물을 졸인다.
부드러우면 된다. 돼지머리가 무른 다음 솥뚜껑을 열어두면 기름이 천천히
빠진다.

---

1 특생特牲: 소 한 마리, 돼지 한 마리

또 한 가지 방법은 나무통의 중간에 구리 걸개銅簾를 걸쳐두고 돼지고기를 씻어 넣고 재료를 더한다. 재료를 통 안에 넣고, 밑에 물을 붓고 약한 불로 찐다. 돼지머리가 익어서 무르면 그 느끼한 불순문 등이 모두 녹아 나오니 묘하다.

洗浄五觔重者, 用甜酒三觔; 七八觔者, 用甜酒五觔. 先将猪头下锅同酒煮, 下葱三十根, 八角三钱, 煮二百餘滚, 下秋油一大杯, 糖一两. 候熟後尝鹹淡, 再将秋油加减; 添开水要漫过猪头一寸, 上压重物, 大火燒一炷香; 退出大火, 用文火细煨, 收乾以腻为度; 爛後即开锅盖, 迟则走油. 一法打木桶一个, 中用銅簾隔开, 将猪头洗净, 加作料闷入桶中, 用文火隔汤蒸之, 猪头熟烂, 而其腻垢悉从桶外流出, 亦妙.

돼지머리를 파는 모습

돼지다리 요리법 네 가지
猪蹄四法

돼지 허벅지蹄膀 1개, 발가락은 필요 없다. 물에 삶아 부드러워지면 물을 따라 버린다. 좋은 술 1근, 간장, 술잔으로 1잔 반, 말린 귤껍질陳皮 1전(3.75g), 붉은 대추紅棗 4~5개를 넣고 무르게 삶은 다음 파, 산초, 술을 넣고 귤껍질과 붉은 대추를 건져낸다. 이것이 하나의 방법이다.

두 번째 방법은 먼저 말린 새우를 물에 끓여 두었다가 물 대신 사용한다. 술과 간장을 넣고 조린다. 세 번째 방법은 돼지 허벅지 1개를 먼저 끓여서 익힌 다음 식물성 기름素油에 튀겨 껍질을 쭈글거리게 한다. 다시 재료를 넣고 붉게 졸인다紅煨. 선비들은 그 껍질을 먼저 먹기 때문에 '게단피'라고 부른다. 네 번째 방법은 돼지 허벅지 1개를 발에 담고 술, 간장을 넣어 뚜껑이 있는 발鉢에 담아 걸개에 얹어 찐다. 향이 두 개 탈 시간二枝香 정도면 된다. 신선육이라고 부른다. 전관찰가에서 만든 것이 가장 정교하다.

蹄膀一隻, 不用爪, 白水煮烂, 去汤, 好酒一觔, 清酱酒杯半, 陈皮一钱, 红枣四五个, 煨烂. 起锅时, 用葱, 椒, 酒泼入, 去陈皮, 红枣, 此一法也. 又一法: 先用虾米煎汤代水, 加酒, 秋油煨之. 又一法: 用蹄膀一隻, 先煮熟, 用素油灼皱其皮, 再加作料红煨. 有士人好先掇食其皮, 號称"揭单被". 又一法: 用蹄膀一个, 两钵合之, 加酒, 加秋油, 隔水蒸之, 以二枝香为度, 號'神仙肉'. 钱观察家製最精.

돼지 발가락·돼지사태
猪爪·猪筋

돼지 발가락만 골라 큰 뼈를 없애고 닭 육수에 끓인다. 사태의 맛과 발가락의 맛이 서로 같기 때문에 함께 조리해도 된다. 다리와 발가락을 함께 요리해도 좋다.

专取猪爪, 剔去大骨, 用雞肉湯清煨之, 筋味與爪相同, 可以搭配. 有好腿爪亦可搀入.

돼지 위 요리법 두 가지
猪肚二法

돼지 위를 깨끗하게 씻는다. 가장 두꺼운 부분은 취하고 위아래의 껍질은 버린다. 중간 부분만 주사위骰子块 모양으로 썬다. 끓는 기름에 넣어 볶다가 재료를 넣고 꺼낸다. 아삭하면 가장 아름답다. 이것은 북방의 방법이다. 남방은 끓는 물에 술을 넣고 향이 두 개 탈 정도의 시간二枝香 동안 뭉근하게 끓인 다음 고운 소금清盐을 찍어 먹으라고 권해도 좋고 혹은 닭 육수와 양념을 넣어 무르게 삶아 훈제하여 썰어도 좋다.

将肚洗净, 取極厚处, 去上下皮, 单用中心, 切骰子块, 滚油炮炒, 加作料起鍋, 以極脆为佳. 此北人法也. 南人白水加酒, 煨兩枝香, 以極烂为度; 贊清盐食之, 亦可; 或加雞汤作料, 煨烂熏切, 亦佳.

돼지 폐 요리법 두 가지
猪肺二法

돼지 폐는 씻기가 가장 어렵다. 폐관의 핏물을 아주 차갑게 하여 껍질包衣을 벗겨내는 일을 제일 먼저 해야 한다. 두드려야 하고, 가볍게 쳐야 하며, 걸어놔야 하고, 거꾸로 두어 물을 빼야 하며, 폐안에 혈관을 뽑아내어 얇은 막을 갈라야 하는데, 모두 정교함을 필요로 하는 일들이다. 폐를 씻은 다음 물과 술을 붓고 하루 종일 끓이면 폐가 축소되어 탕면 위에 구름이 한 조각 떠 있는 듯하다. 다시 양념을 더하여 먹으니 진흙처럼 부드럽다. 탕서안湯西涯 소재의 연회 때 한 그릇당 네 조각씩 넣었더니 폐 4개를 모두 사용하였다. 근래 사람들은 이와 같은 기술이 없고 단지 폐를 부서뜨리기만 한다. 닭 육수에 넣어 끓여도 좋다. 꿩으로 낸 육수를 사용해야만 맑은 것으로써 맑은 것을 배합하게 되는 것이다. 좋은 화퇴를 넣고 끓이면 더 좋은 맛이 난다.

洗肺最难, 以冽尽肺管血水, 剔去包衣为第一着. 敲之仆之, 挂之倒之, 抽管割膜, 工夫最细. 用酒水滚一日一夜時. 缩小如一片白芙蓉, 浮于汤面, 再加作料. 上口如泥. 湯西厓少宰宴客, 每碗四片, 已用四肺矣. 近人無此工夫, 只得将肺折碎, 入雞汤煨烂亦佳, 得野雞汤更如以清配清故也. 用好火腿煨亦可.

돼지 콩팥
猪腰

돼지 콩팥을 얇게 썰어서 오래 볶으면 나무처럼 단단해지고, 부드럽게 볶으면 사람들이 날것으로 의심하니 푹 익혀서 장, 산초, 소금 등을 찍어 먹는 것이 낫다. 혹은 양념을 더해도 좋다. 손으로 뜯는 것이 좋으며 칼로 자르는 것은 좋지 않다. 단, 반드시 하루가 지나야 진흙처럼 부드럽다. 이 재료는 반드시 콩팥만 넣어야 하며 다른 요리에 끼워 넣을 수 없다. 왜냐하면 감히 요리의 맛을 빼앗을 수가 있을 뿐만 아니라 비린내가 날 수 있다. 45분 정도 삶으면 질기고 하루 종일 뭉근하게 끓여야 부드러워진다.

腰片炒枯则木, 炒嫩则令人生疑; 不如煨烂, 醬椒盐食之为佳. 或加作料亦可. 只宜手摘, 不宜刀切. 但须一日工夫, 才得如泥耳. 此物只宜独用, 断不可搀入别菜用, 敢能夺味而惹腥. 煨三刻则老, 煨一日则嫩.

돼지 안심
猪里肉

돼지 안심은 순 살코기로만 되어 있고 연해서 옛 사람들은 어떻게 먹어야 좋을지 몰랐다. 양주揚州의 사온산 태수의 연회석상에서 먹어보았더니 맛이 달았다. 그는 "안심을 얇게 펴 썰어 콩가루縴粉에 무쳐 완자를 만들어 새우탕에 넣고 향초와 미역 등과 함께 맑게 뭉근하게 한 번 끓여淸煨 익으면 건진다."고 했다.

猪裏肉, 精而且故人多不食. 尝在扬州谢蕴山太守席上, 食而甘之. 云以裏肉切片, 用縴粉团成小把, 入虾汤中, 加香草, 紫菜清煨, 一熟便起.

돼지고기 수육
白片肉

반드시 스스로 키운 돼지를 잡아서 솥에 넣고 삶아 80% 가량 익으면 탕에 그대로 2시간時辰 정도 담가 두었다 건진다. 돼지 몸에서 가장 많이 움직인 부분行動之處을 얇게 썰어 상에 올린다. 차갑지도 않고, 뜨겁지도 않은 따뜻한 정도면 좋다. 이는 북방 사람들이 잘 하는 요리擅长이다. 남방 사람들도 만들 수는 있으나 북방 사람들만은 못하다. 시장에서 썰어서 파는 고기零星市脯로 만들기는 어렵다. 가난한 서생寒士이 손님을 초대하더라도 차라리 제비집을 대접할지언정 백편육은 내지 않았다. 왜냐하면 돼지고기 요리白片肉를 만들려면 고기가 많아야 하기 때문이다. 자르는 법은 반드시 잘 드는 작은 칼로 얇게 써는데 살코기와 비계가 같이 있도록肥瘦相参 가로로 비스듬하게 썬 것横斜碎杂이 가장 절묘하다. 이는 공자聖人가 "바르게 썰지 않으면 먹지 않는다割不正不食.[2]"고 한 말에 상반된다. 돼지고기를 이용해 만든 요리 이름은 매우 많은데 만주 사람들이 대례 때 사용하던 '조신육跳神肉'이 가장 묘하다.

須自養之豬, 宰後入锅, 煮到八分熟, 泡在汤中, 一个时辰取起. 将猪身上行动之处, 薄片上桌. 不冷不热, 以溫为度. 此是北人擅长之菜. 南人效之, 终不能佳. 且零星市脯, 亦难用也. 寒士请客, 宁用燕窝, 不用白片肉, 以非多不可故也. 割法须用小快刀片之, 以肥瘦相参, 横斜碎杂为佳, 與聖人"割不正不食"一语, 截然相反. 其猪身, 肉之名目甚多. 满洲"跳神肉"最妙.

돼지고기 붉게 조림법 세 가지
红煨肉三法

돼지고기를 뭉근히 졸이는 요리를 할 때 춘장甜酱을 넣기도 하고, 혹은 간장을 넣기도 한다. 또는 간장과 첨장을 넣지 않고 고기 1근당 소금 3전(11g)과 독한 술純酒만 넣고 끓이기도 한다. 또 물만 넣어 삶기도 하는데 이렇게 하면 반드시 물이 졸아들 때까지熬 끓여야 한다.

세 가지 방법 모두 호박색이 나기 때문에 설탕을 태워서 넣을 필요가 없다. 붉은색이 나게 졸이는 이 조리법은 팬에서 너무 일찍 꺼내면 황색이 되고, 제 시간에 알맞게 꺼내면 붉은색이 되며 늦게 꺼내면 홍색이 변하여

---

2 할부정불식割不正不食: 바르게 썰지 않으면 먹지 않는다. 《논어論語·향당鄉堂》

자색이 되어 살코기가 단단해진다. 요리할 때 뚜껑을 자주 열면 기름이 날아가서 맛이 없어지는데 이는 모두 기름 속에 맛이 있기 때문이다. 일반적으로 고기는 장방형으로 자르는데 요리해서 고기가 무르면 각진 부분이 보이지는 않으나 입에 넣었을 때 살코기까지 어우러져 제일 좋다. 이 요리는 불의 조절이 가장 중요하다. 속담에 "죽은 센 불로 끓이고 고기는 약한 불에 삶으라."는 말이 있다.

或用甜酱, 或用秋油, 或意不用秋油, 甜酱. 每肉一觔, 用盐三钱, 纯酒煨之; 亦有用水者, 但须熬乾水氣. 三種治法皆红如琥珀, 不可加糖炒色. 早起鍋則黄, 當可則红, 过迟則红色变紫, 而精肉转硬. 常起锅蓋, 則油走而味都在油中矣. 大抵割肉雖方, 以烂到不见锋稜, 上口而精肉俱化为妙. 全以火候为主. 谚云: "紧火粥, 慢火肉." 至哉言乎!

돼지고기 조림법
白煨肉

고기 1근에 물을 붓고 80% 정도 익으면 탕에서 건져서 술 반 근, 소금 2전 반(10g)을 넣고 2시간時辰 동안 끓인다. 원탕原汤을 반 넣고 끓인다. 탕이 졸아서 느끼할 정도가 되면 파, 산초, 목이버섯, 부추 등을 넣는다. 먼저 센 불로 끓이고 후에 약한 불로 끓인다.

또 한 가지 방법은 고기 1근당, 설탕 1전(3.75g), 술 반 근, 물 1근, 간장 찻잔으로 반 잔을 넣는다. 먼저 술을 넣고 끓으면 고기를 넣어 10~20 차례 끓인 다음 회향回香 1전(3.75g)을 넣는다. 물을 넣고 뭉근하게 끓이면燜 좋다.

每肉一觔, 用白水煮八分好, 起出去湯; 用酒半觔, 盐二钱半, 煨一个时辰.
用原汤一半加入, 滚乾汤膩为度, 再加葱, 椒, 木耳, 韭菜之类. 火先武後
文. 又一法: 每肉一觔, 用糖一钱, 酒半觔, 水一觔, 清酱半茶杯; 先放酒,
滚肉一二十次, 加回香一钱, 放水闷烂亦佳.

돼지고기 튀김법
油灼肉

돼지 갈비뼈 아래 넓적한 부분硬短勒을 네모나게 잘라 근육筋襻을 제거
하고 술과 장에 재워 끓는 기름에 튀긴油灼 다음 구우면炮炙 비계가 있어도
느끼하지 않고, 살 부분은 부드럽다. 건질 때 파, 마늘을 넣고 약간의 식초
를 뿌려준다.

去硬短勒切方块, 去筋襻, 酒酱郁過, 入滚油中炮炙之, 使肥者不膩, 精者
肉鬆. 将起锅时, 加葱, 蒜, 微加醋喷之.

돼지고기 중탕법
乾锅蒸肉[3]

작은 자기로 만든 발小磁钵에 고기를 장방형으로 썰어 담고 술지게미와
간장을 넣어 큰 발钵 안에 넣고 뚜껑을 봉한 다음 솥 안에 넣는다. 그런 뒤
에 약한 불로 향을 두 개 태울 정도의 시간 동안 찐다. 물을 사용하지 않
으며 간장과 술의 많고 적음은 고기를 보고 결정한다. 그릇에 고기가 가득

---

3 건과증육乾锅蒸肉: 물 없이 찐 돼지고기 요리

찰 정도가 되면 좋다.

用小磁钵, 将肉切方块, 加甜酒, 秋油, 装大钵内封口, 放锅内, 下用文火乾
蒸之. 以两枝香为度, 不用水. 秋油與酒之多寡, 相肉而行, 以蓋满肉面为度.

난로를 이용한 돼지고기 중탕법
盖碗装肉
난로 위에서 익히는 방법으로 앞의 방법과 동일하다.

放手炉上. 法與前同.

쌀겨를 이용한 돼지고기 중탕법
磁罎装肉[4]
쌀겨礱糠 속에서 천천히 익힌다. 앞 요리와 만드는 방법은 동일하며 반
드시 밀봉해야 한다.

放礱糠中慢煨, 法與前同. 总须封口.

돼지고기 완자지짐
脱沙肉
돼지고기를 벗겨 곱게 다진다. 돼지고기 1근당 달걀雞子 3개, 흰자와 노

---

4 자담장육磁罎装肉: 자기에 담아 쌀겨 속에서 익힌 돼지고기 요리

른자를 모두 준비하여 고기와 고루 섞는다. 다시 곱게 다진 다음 간장을 술
잔으로 반 잔과 다진 파를 넣고 고루 섞는다. 돼지의 내장지방_{网油} 한 장을
사용하여 싼다. 겉은 다시 유채씨로 만든 기름_{菜油} 4량(150g)을 넣고 양면을
지진다. 기름기를 제거한다. 좋은 술을 찻잔으로 한 잔을 넣는다. 간장을 찻
잔으로 반 잔을 넣어 익힌 다음 꺼내어 얇게 썬다. 고기 위에 부추, 표고버
섯, 죽순을 깍두기 모양으로 썰어 얹는다.

> 去皮切碎, 每一觔用雞子三個, 青黃俱用, 调和拌肉; 再斩碎; 入秋油半酒
> 杯, 葱末拌匀, 用網油一张裹之; 外再用菜油四两, 煎两面, 起出去油; 用好
> 酒一茶杯, 清酱半酒杯, 闷透, 提起切片; 肉之面上, 加韭菜, 香蕈, 笋丁.

돼지고기 육포볶음
晒乾肉

돼지고기 살코기를 얇게 썰어 햇볕에 말린다. 고기가 마르면 오래된 대
두채_{大头菜}를 넣고 국물이 없어질 때까지 마르게 볶는다_{乾炒}.

> 切薄片精肉, 晒烈日中, 以乾为度. 用陈大头菜, 夹片乾炒.

화퇴 돼지고기조림
火腿煨肉

화퇴를 주사위 모양으로 썰어 냉수에 넣고 3번 끓여 탕에서 건져 물기
를 뺀다. 돼지고기도 주사위 모양으로 썰어 냉수에 넣고 2번 끓인 다음 건
져서 물기를 뺀다. 맑은 물에 넣어 뭉근하게 끓인다. 4량(150g)의 술을 더한
다. 파, 산초, 죽순, 표고버섯을 넣는다.

생선포 돼지고기조림
台鲞煨肉[5]

이 요리법은 화퇴와 돼지고기조림 요리火腿煨肉와 같다. 생선포는 쉽게 무르기 때문에 먼저 돼지고기를 80% 정도 익힌 다음 마른 고기를 넣어 익혀 찬 곳에 놓아둔다凍[6]. 그래서 요리 이름을 "상동"이라고 부른다. 소흥紹兴 지역 사람들이 먹는 방식이다. 만약 마른 고기가 신선하지 않으면 이용하지 않는다.

法與火腿煨肉同. 鲞易烂, 须先煨肉至八分, 再加鲞; 凉之则號"鲞冻." 绍兴
人菜也. 鲞不佳者不必用.

쌀가루 돼지고기찜
粉蒸肉[7]

살코기와 비계가 반반 붙은 돼지고기에 쌀가루를 노랗게 볶아 황색이 되면 춘장面酱에 고루 무쳐 찐다. 배추를 밑에 깐다. 익을 때 고기가 아름다

---

5 태상台鲞: 절강성 태주에서 산출되는 생선포
6 동凍: 닭, 오리, 육류, 해물 등을 덩어리로 썰어 탕과 조미료를 넣고 무르게 익힌 후 고기 껍질의 젤라틴 성분을 이용하여 재료를 차게 하여 응고시켜 반 투명상태의 냉채로 만드는 조리방법으로 여름에 먹기 적당하다.
7 분증粉蒸: 쌀가루와 팔각 산초 등을 향신료를 함께 볶은 후 갈아서 주재료를 무쳐 찌는 조리법

울 뿐만 아니라 배추도 맛있다. 물이 전혀 들어가지 않았기 때문에 그 맛이
독특하다. 강서 사람들의 요리이다.

> 用精肥参半之肉, 炒米粉黄色, 拌麪酱蒸之, 下用白菜作垫. 熟时不但肉美,
> 菜亦美, 以不见水, 故味独全. 江西人菜也.

돼지고기 훈제법
熏煨肉

먼저 간장과 술을 붓고 고기를 뭉근하게 끓인다. 고기에 국물이 있는
상태에서 나뭇가지로 대강 훈제한다. 오래하면 안 된다. 고기는 반쯤 촉촉
하고 반쯤 마른 것이 향이 부드럽고 이상적이다. 오소곡 광문가에서 만든
것이 제일이다.

> 先用秋油, 酒将肉煨好, 带汁上木屑, 略熏之, 不可太久, 使乾湿参半, 香嫩
> 異常. 吴小谷廣文家, 製之精極.

연꽃돼지고기
芙蓉肉[8]

돼지 살코기精肉 1근을 얇게 썰어 간장에 재워서 바람에 2시간時辰 동안
말린다. 큰 새우살大虾肉 40개, 돼지기름猪油 2량(75g)을 주사위 모양으로 썰
어 돼지고기 위에 얹는다. 새우 1마리와 고기 한 덩어리를 두드려 납작하게

---

8 부용육芙蓉肉: 돼지고기와 새우살로 만든 요리이다. 새우살을 익히면 분홍색이 나기 때문에 그 색이
분홍색 연꽃을 닮아 부용육이라 하였다.

만든 다음 끓는 물에 삶아서 건진다. 기름 반 근을 끓여 고기 편을 구멍이 뚫린 건지개銅勺에 놓고 끓는 기름을 부어 익힌다.[9] 간장은 술잔으로 반 잔, 술 1잔, 닭 육수는 찻잔으로 1잔을 끓여서 얇게 썬 고기 위에 끼얹고 오향분 등을 볶아서 만든 쌀가루蒸粉를 더하고 파, 산초가루를 더하고 건진다.

精肉一觔, 切片, 清醬拖過, 風乾一个時辰. 用大蝦肉四十个, 猪油二兩, 切骰子大, 将蝦肉放在猪肉上. 一隻蝦, 一块肉, 敲扁, 将滾水煮熟撩起. 熬菜油半觔, 将肉片放在有眼銅勺内, 将滾油灌熟. 再用秋油半酒杯, 酒一杯, 雞湯一茶杯, 熬滾, 澆肉片上, 加蒸粉, 葱, 椒, 糝上起鍋.

려지돼지고기
荔枝肉[10]

고기를 골패 모양으로 얇게 썬다. 물에 넣고 20~30번 끓여서 건진다. 채종유를 반 근을 뜨겁게 하여 고기를 넣어 튀겨서 건져 냉수에 한 번 씻어서 고기가 쭈글거리면 건진다. 솥에 넣고 술 반 근, 간장 작은 잔으로 1잔과 물 반 근을 넣고 끓여서 무르게 익힌다.

用肉切大骨牌片, 放白水煮二三十滾, 撩起; 熬菜油半觔, 将肉放入炮透, 撩起, 用冷水一潔, 肉皺, 撩起; 放入鍋内, 用酒半觔, 清醬一小杯, 水半觔, 煮爛.

---

9 관숙灌熟: 재료에 기름을 끼얹으면서 튀기는 조리법
10 려지육荔枝肉: 요리가 중국에서 산출되는 과일 려지荔枝를 닮아 려지돼지고기 요리라 하였다.

팔보돼지고기
八宝肉[11]

살코기와 비계가 각각 반씩 섞인 돼지고기精肥를 물에 넣고 10~20번 끓인다. 버드나무 잎 모양으로 얇게 썬다. 작은 홍합 말린 것淡菜 2량(75g), 매 발톱을 닮은 차鷹爪 2량(75g), 표고버섯 1량(37.5g), 해파리 머리花海蜇[12] 2량(75g), 호두육 4개, 껍질 벗긴 죽순 4량(150g), 좋은 화퇴 2량(75g), 참기름 1량(37.5g)과 고기를 솥에 넣는다. 간장과, 술에 뭉근하게 삶아 반 정도 익힌다. 다시 나머지 재료를 더한다. 해파리는 마지막에 넣는다.

用肉一觔, 精肥各半, 白煮一二十滾, 切柳葉片. 小淡菜二兩, 鷹爪二兩, 香蕈一兩, 花海蜇二兩, 胡桃肉四個, 去皮笋片四兩, 好火腿二兩, 麻油一兩. 將肉入鍋, 秋油, 酒煨至五分熟, 再加餘物, 海蜇下在最後.

채화두돼지고기조림
菜花头煨肉

태심채의 연한 심을 살짝 절였다가 햇볕에 말려서 사용한다.

用臺心菜嫩蓝微, 微醃, 晒乾用之.

돼지고기 채볶음
炒肉丝

돼지고기를 얇게 채 썰어 근육과 껍질, 뼈를 없애고 간장과 술에 재웠

---

11 팔보육八宝肉: 다양한 부재료를 넣은 돼지고기
12 화해철花海蜇: 화해철花海蜇은 여러 층이 겹쳐 있어 화해철이라 하나 보통 해파리 머리라고 부른다.

다가 채종유를 끓여 연기가 흰색에서 푸른색으로 바뀔 때 고기를 넣고 쉬지 말고 고루 볶는다. 오향분 등을 볶아서 만든 쌀가루를 더한다. 식초 한 방울, 설탕 한 움큼, 파 흰 부분, 부추, 마늘 등을 넣는다. 일반적으로 고기를 볶을 때는 반 근만 약한 불로 볶으며 물은 넣지 않는다. 또 다른 방법은 기름을 뜨겁게 한 다음 양념장醬水에 술을 더하고 살짝 졸인다. 홍색이 되면 꺼내고 부추를 더하면 향이 좋다.

切细丝, 去筋襻, 皮, 骨, 用清酱, 酒鬱片时, 用菜油熬起, 白烟变青烟后, 下肉炒匀, 不停手; 加蒸粉, 醋一滴, 糖一撮, 葱白, 韭, 蒜之类, 只炒半斤, 大火, 不用水. 又一法: 用油炮后, 用酱水加酒略煨, 起锅红色, 加韭菜尤香.

돼지고기 편볶음
炒肉片

살코기와 비계가 각각 반반인 고기를 얇게 썰어, 간장에 버무린 다음 솥에 넣고 기름에 볶는다. 기름에서 소리가 날 때 양념장, 파, 오이, 죽순, 어린 부추를 넣고 꺼낼 때 불을 세게 한다.

将肉精, 肥各半, 切成薄片, 清酱拌之, 入锅油炒, 闻响即加酱水, 葱, 瓜, 冬笋, 韭芽, 起锅火要猛烈.

팔보돼지고기완자
八宝肉圆[13]

살코기와 비계 각각 반씩 잘게 다져서 건더기가 고운 장細醬을 만든다. 잣, 표고버섯, 죽순의 뾰족한 부분, 물밤荸荠, 과류, 과강瓜薑 등을 다져 고운

장으로 만든다. 콩가루를 넣고 짓이겨 완자를 만들어 접시에 담는다. 술지
게미를 더하고 간장을 넣고 찐다. 입에 넣으면 부드러우면서 쫀득쫀득하다.
가치화가 이르기를 "완자는 고기를 잘게 자르는 것이 좋고 토막 치는 것은
좋지 않다."고 하였다. 반드시 그래야만 하는 이유가 있다.

> 猪肉精, 肥各半, 斩成细酱, 用松仁, 香蕈, 笋尖, 荸荠, 瓜薑之类, 斩成细
> 酱, 加縳粉和捏成团, 放入盘中, 加甜酒, 秋油蒸之. 入口鬆脆. 家致华云:
> "肉圆宜切, 不宜斩." 必别有所见.

속이 빈 돼지고기완자
空心肉圆

고기를 곱게 다져서 굳은 돼지기름을 넣고 작은 완자로 만들어 고기완
자 속에 넣은 뒤 찜통에 담아 찐다. 즉 기름이 빠져 나오면 완자의 속이 빈
다. 이 방법은 진강鎭江 사람이 제일 잘 만든다.

> 将肉捶碎鬱过, 用冻猪油一小团作馅子, 放在团肉蒸之, 则油流去, 而团子
> 空心矣. 此法镇江人最善.

돼지고기 튀김
锅烧肉[14]

삶아 익힌 고기를 껍질은 제거하지 말고 참기름에 넣어 튀긴다. 덩어리
로 썰어서 소금을 더하거나 혹은 간장을 찍어 먹어도 좋다.

---

13 팔보육원八宝肉圆: 다양한 재료를 다져서 완자로 만든 돼지고기
14 과소육锅烧肉: 참기름에 튀긴 돼지고기

煮熟不去皮, 放麻油灼过, 切块加盐, 或赞清酱亦可.

돼지고기 육포
酱肉

먼저 살짝 절인 다음 면장을 바른다. 혹은 간장만 넣어 조물조물하여 바람에 말린다.

先微醃, 用麵酱酱之, 或单用秋油拌鬱, 风乾.

술지게미에 절인 돼지고기
糟肉

먼저 살짝 절인 후 다시 술지게미를 더한다.

先微醃, 再加米糟.

돼지고기 절임
暴醃肉

돼지고기를 소금으로 문지른다. 3일 내에 사용한다. 이상 세 가지 맛은 모두 겨울 요리이고 봄, 여름에는 적당하지 않다.

微盐擦揉, 三日内即用. 以上三味, 皆冬月菜也, 春夏不宜.

윤문단공 집안의 돼지고기 요리
尹文端公家风肉

돼지 한 마리를 잡아서 여덟 조각낸다. 한 조각마다 볶은 소금炒盐 4전 (15g)을 넣고 골고루 주무른다. 소금을 골고루 무쳐 햇볕이 없는 곳에 높이 매달아 바람에 말린다. 벌레가 있으면 참기름香油을 발라 두었다가 여름에 이용한다. 먼저 물에 하룻저녁 동안 담갔다 다시 끓인다. 물은 너무 많아도 안 되고, 너무 적어도 안 되며 고기가 잠길 정도면 된다. 얇게 썰 때는 잘 드는 칼로 횡으로 자른다. 결대로 채를 썰거나 잘라도 안 된다. 이 요리는 오로지 윤부만이 잘 만들 수 있다. 늘 진공품으로 사용했는데 지금 서주풍 육은 전하지 않는다. 왜 그런지 이유를 모르겠다.

杀猪一口, 斩成八块, 每块炒盐四钱, 细细揉擦, 使之無微不到. 然後高挂有風無日处. 偶有虫蚀, 以香油塗之. 夏日取用, 先放水中泡一宵, 再煮, 水亦不可太多太少, 以蓋肉面为度. 削片时, 用快刀横切, 不可顺肉丝而斩也. 此物惟尹府至精, 常以进贡. 今徐州风肉不及, 亦不知何故.

고향의 맛 돼지고기
家乡肉[15]

항주의 고향의 맛 돼지고기 요리는 좋은 것, 나쁜 것이 서로 달라 상·중·하 3등급이 있다. 대개 담백하고 능히 신선하다. 순 살코기는 사선으로 썰어 씹히는 맛横咬을 주는 것이 상품이다. 오랫동안 놓아두면 좋은 화퇴가 된다.

---

15 가향육家乡肉: 돼지고기 절임 요리로 절강성지역의 대표적인 요리이다.

杭州家乡肉, 好醜不同, 有上, 中, 下三等, 大概淡而能鲜, 精肉可横咬者为
上品, 放久即是好火腿.

죽순 돼지고기조림
笋煨火肉[16]

겨울에 나는 죽순冬笋을 네모나게 썬다. 화퇴도 각두기 모양으로 썰어
함께 끓인다. 화퇴의 소금물을 두 번 씻어낸다. 다시 얼음사탕을 넣고 무르
게 삶는다. 석무산의 별가別駕가 이르기를 "무릇 화육은 삶은 다음날까지
두고 먹을 것이면 반드시 원탕은 남겨두었다가 다음날 다시 탕에 넣어 끓어
먹는 것이 좋다."고 하였다. 잠시만 탕에서 건져놓아도 고기가 바람에 금세
마른다. 물을 사용하면 맛이 담백하다.

冬笋切方块, 火肉切方块, 仝煨. 火腿撤去盐水两遍, 再入冰糖煨烂. 席武
山别驾云: 凡火肉煮好後, 若留作次日喫者, 须留原汤, 待次日将火肉投入湯
中滚热才好. 若乾放離汤, 则风燥而肉枯; 用白水, 则又味淡.

통애저구이
烧小猪

6~7근 정도 되는 작은 돼지 1마리를 족집게로 털을 뽑고 지저분한 것
을 제거한 다음 꼬치에 꿰어 탄불에 굽는다. 네 면을 모두 굽는다. 깊은 황
색이 날 때까지 굽는다. 우유를 저어서 응고시킨 버터奶酥油를 껍질에 바른

---

16 화육火肉: 소금에 절인 돼지고기 뒷다리, 즉 화퇴

다. 여러 번 바르고 굽고 바르고 굽는다屢塗屢炙. 먹을 때 부드러운 것이 제일 좋고, 바삭바삭한 것이 그 다음이며 단단한 것이 그 다음이다. 만주족 사람들旗人은 술과 간장만 넣어 쪄도 좋다. 필자 집의 용문 동생이 그 비법을 안다.

小猪一个, 六七觔重者, 钳毛去秽, 又上炭火炙之. 要四面齐到, 以深黄色为度. 皮上慢慢以奶酥油塗之, 屢塗屢炙. 食时酥为上, 脆次之, 硬斯下矣. 旗人有单用酒, 秋油蒸者, 亦佳吾家龙文弟, 颇得其法.

돼지고기구이
烧猪肉

무릇 돼지고기구이는 반드시 탄력이 있어야 한다. 고기 안쪽을 구워야 기름이 껍질 안쪽으로 들어가 껍질이 부드럽고 바삭바삭하면서 맛도 빠져나가지 않는다. 만약 먼저 껍질을 구우면 고기의 기름油膏이 모두 불에 떨어져서 껍질이 타서 단단해지기 때문에 맛이 없다. 어린 돼지를 굽는 것도 이러하다.

凡烧猪肉, 须耐性. 先炙裏面肉, 使油膏走入皮肉, 则皮鬆脆而味不走. 若先炙皮, 则肉上之油尽落火上, 皮既焦硬, 味亦不佳. 烧小猪亦然.

돼지갈비
排骨

갈비勒条를 취한다. 살코기와 비계가 반반인 것을 골라 중간에 있는 곧은 뼈를 뽑아내고 그 자리에 파를 집어넣는다. 식초와 장을 발라 굽는다.

계속 장을 바른다. 너무 마르게 굽지 않는다.

> 取勒条排骨精肥各半者, 抽去當中直骨, 以葱代之, 炙用醋, 酱, 频频刷上,
> 不可太枯.

도롱이 돼지고기
罗蓑¹⁷肉

만드는 방법은 닭다리완자_{雞松}를 만드는 방법과 같다. 껍질을 남겨두고 껍질 아래의 살코기를 다져 완자를 만들어 양념을 넣고 익힌다. 섭씨 성을 가진 요리사가 만들 수 있다.

> 以作雞松法作之, 存蓋面之皮. 将皮下精肉斩成碎団, 加作料烹熟. 聂廚能
> 之.

단주의 돼지고기 요리 세 가지
端州三種肉

한 가지는 도롱이 돼지고기이고, 또 한 가지는 과소백육이다. 만드는 방법은 돼지고기를 삶은 다음 양념을 하지 않고 깨와 소금만 무친 것이고, 다른 한 가지는 돼지고기를 잘라서 간장에 무치는 것이다. 세 가지 종류 모두 집에서 해 먹기에 적합한 요리이다. 이는 단주_{端州}의 썹 씨, 이 씨 두 요리사가 만드는 것으로 특별히 양이를 보내서 배우도록 하였다.

---

17 라쇄罗蓑: 돼지고기에 껍질을 남겨두어 도롱이를 쓴 모습과 같아 붙여진 이름이다.

一罗蓑肉. 一锅烧白肉, 不加作料, 以芝蔴, 盐拌之; 切片煨好, 以清酱拌之.
三種俱宜于家常. 端州聂, 李二厨所作, 特令杨二学之.

돼지고기완자
杨公圆[18]

양명부에서 만든 완자 중 큰 것은 찻잔만하다. 부드럽기가 월등히 뛰어
난데 탕은 더욱 더 신선하다. 입에 넣었을 때 쫀득쫀득하다. 대부분 근육도
제거하고 마디도 제거하고 잘라서 곱게 다진다. 비계와 살을 각각 반반씩
하여 콩가루를 넣어 함께 섞는다.

杨明府作肉圆, 大如茶杯, 细膩绝伦. 汤尤鲜潔, 入口如酥. 大概去筋去节,
斩之極细, 肥瘦各半, 用縴合匀.

황아채화퇴조림
黃芽菜煨火腿

좋은 화퇴를 선택하여 겉껍질을 벗겨 기름을 제거하고 고기만 남긴다.
먼저 닭고기 육수에 껍질을 넣어 끓여 아삭하게 한다. 다시 고기를 넣어 끓
여 아삭하게 한 다음 황아채심을 넣는다. 황아채의 뿌리까지도 약 2촌(약
7cm) 길이로 썰고 밀주낭과 물을 넣고 한나절 동안 계속 뭉근하게 끓인다.
맛이 달고 신선하다. 고기와 채소가 어우러진다. 채소의 뿌리와 심을 채로
썬 것이 조금도 흐트러짐이 없고 탕도 아주 맛있다. 조천궁朝天宮 도사의 방

---

18 양공원杨公圆: 양명부에서 만든 돼지고기완자이므로 양공원이라고 한다.

법이다.

用好火腿, 削下外皮, 去油存肉. 先用雞湯, 将皮煨酥, 再将肉煨酥, 放黄芽菜心, 连根切段, 约二寸许长; 加蜜, 酒娘及水, 连煨半日. 上口甘鲜, 肉菜俱化, 而菜根及菜心, 丝毫不散. 汤亦美極. 朝天宫道士法也.

꿀화퇴
蜜火腿

좋은 화퇴를 취하여 껍질까지 네모나게 큰 조각으로 썰어 밀주에 무르게 졸인 것이 제일 좋다. 단, 화퇴는 좋은 것이 있고 나쁜 것이 있으며, 가격도 비싼 것이 있거나 싼 것이 있다. 간단히 말하면 천양지차이다. 비록 금화金華, 란계蘭溪, 의조義鳥 세 곳에서 나온 것 중 이름값 하는 것이 많은데 그렇지 않은 것은 절인 고기醃肉만도 못하다. 오로지 항주 충정리杭州忠清里에 있는 왕삼방의 집에서 한 근에 4전(15g) 하는 것이 제일 맛있다. 필자는 소주의 윤문단공 공관에서 한 번 먹어보았는데 그 향이 집을 뛰어 넘을 정도였고, 달고 신선한 맛이 늘 먹던 것과는 달랐다. 앞으로 이렇게 맛있는 것을 다시 만나지 못 할 것 같다.

取好火腿, 连皮切大方块, 用蜜酒煨極烂, 最佳. 但火腿好醜, 高低, 判若天渊. 虽出金华, 兰溪, 义乌三处, 而有名而实者多. 其不佳者, 反不如醃肉矣, 惟杭州忠清里王三房家, 四钱一斤者佳. 余在尹文端公苏州公馆喫过一次, 其香隔户便至, 甘鲜異常. 此後不能再遇此尤物矣.

소·양·사슴류
【 杂牲単 】

소, 양, 사슴 이 세 가지는 남방 사람이 아니라면 집에 항상 있는 재료들이기 때문에 만드는 방법을 모르면 안 되므로 잡생단[1]을 짓는다.

牛, 羊, 鹿三牲, 非南人家常时有之物. 然製法不可不知, 作杂牲単.

쇠고기
牛肉

쇠고기를 사는 방법은 먼저 각각의 정육점에 계약금을 걸어 둔다定钱. 다리 근육 사이에 고기가 섞여 있는 것으로 순 살코기도 아니고 순 비계만도 아닌 것을 모아 집에 가지고 와서 껍질과 막을 벗기고 술 3분(1g)[2], 맑은 물 2분(0.7g)을 넣고 무르게 삶는다. 다시 간장을 넣고 끓이면 탕이 줄어든다. 제사 지낼 때 사용한 소太牢의 독특한 맛은 한 가지만으로도 맛을 내기 때문에 다른 부재료配搭를 더할 필요가 없다.

---

1 잡생단杂牲单: 돼지 이외의 축생
2 분分: 중량의 단위로, 1량(37.5g)의 1/100이다.

買牛肉法, 先下各舖定钱, 凑取腿筋夾肉处, 不精不肥. 然後带回家中, 剔去皮膜, 用三分酒, 二分水清煨, 極烂; 再加秋油收湯. 此太牢独味孤行者也, 不可加别物配搭.

소혀
牛舌

소혀는 가장 맛있다. 껍질을 제거하고 막을 벗겨내어 얇게 썰어 고기와 함께 삶는다. 또 겨울에 절였다가 바람에 말리면 이듬해에 지나서 먹어도 좋은 화퇴와 같다.

牛舌最佳. 去皮, 撕膜, 切片, 入肉中同煨. 亦有冬醃风乾者, 隔年食之, 極似好火腿.

양머리
羊头

양머리는 털을 깎고 깨끗이 씻는다. 만약 털이 완전하게 깎아지지 않았으면 불로 그을려서 깨끗이 씻어 반을 가른 다음 푹 삶아서 뼈를 제거한다. 입안의 점막을 깨끗이 씻어 없앤다. 눈알을 잘라 두 조각내고 검은 껍질을 제거하고, 눈동자는 버리고 잘게 다진다. 살찐 노계를 끓여 표고버섯, 죽순을 깍두기 모양으로 썰고 술지게미 4량(150g), 간장 1잔을 넣는다. 맵게 먹으면 작은 후추 12알, 송송 다진 파 12조각을 넣는다. 만약에 시게 먹으면 좋은 쌀로 만든 식초 1잔을 넣는다.

羊头毛要去净; 如去不净, 用火烧之. 洗净切开, 煮烂去骨. 其口内老皮, 俱
要去净. 将眼睛切成二块, 去黑皮, 眼珠不用, 切成碎丁. 取老肥母雞汤煮
之, 加香蕈, 笋丁, 甜酒四两, 秋油一杯. 如喫辣, 用小胡椒十二颗, 葱花
十二段; 如喫酸, 用好米醋一杯.

양다리
羊蹄

양의 다리를 끓일 때는 외저제법을 참고한다. 홍색과 백색으로 나눈다.
대개 간장을 넣어 끓이면 홍색이 되고, 소금을 넣어 끓이면 백색이 된다. 산
약山药을 넣어도 좋다.

煨羊蹄, 照煨猪蹄法, 分红, 白二色. 大抵用清酱者红, 用盐者白. 山药配
之宜.

양탕
羊羹

익힌 양고기를 잘게 썬다. 깍두기 모양骰子으로 썰어 닭고기 육수에 끓
인다. 죽순, 표고버섯, 산약山藥 등을 썰어 함께 끓인다.

取熟羊肉斩小块, 如骰子大. 雞汤煨, 加笋丁, 香蕈丁, 山药丁同煨.

양머리탕
羊肚羹

양의 밥통을 깨끗하게 씻어 삶아 채 썰어 양의 밥통을 삶았던 물에 넣고 다시 끓인다. 후추와 식초를 넣는다. 북방 사람들이 볶는 것처럼 남방 사람들은 그만큼 아삭아삭하게 볶지는 못한다. 전여사 방백方伯의 집에서 만든 양고기조림이 가장 맛있었다. 그 방법을 배울 예정이다.

> 将羊肚洗净, 煮烂切丝, 用本汤煨之, 加胡椒, 醋俱可. 北人炒法, 南人不能如其脆. 钱玙沙方伯家, 焖烧羊肉极佳, 将求其法.

양고기 붉게 조림
红煨羊肉

돼지고기를 붉게 졸이는 법红煨猪肉과 같다. 또 구멍이 있는 호두껍질刺眼核桃을 넣으면 비린내를 제거할 수 있다. 이는 오래전부터 내려오는 방법右法[3]이다.

> 與红煨猪肉同. 加刺眼核桃, 放入去羶. 亦右法也.

양고기 채볶음
炒羊肉丝

돼지고기를 채 썰어 볶는 방법과 동일하며 콩가루를 사용해도 좋다. 고기는 가늘게 채 썰수록 좋고 파를 채 썰어 무친다.

---

3 우법右法: 우법일 것으로 사료된다.

與炒猪肉丝同. 可以用缰, 愈细愈佳. 葱丝拌之.

양고기구이
烧羊肉

양고기를 큰 덩어리로 썬다. 무게가 5~7근이다. 철 꼬치에 꿰어 불에서
굽는다. 과연 맛은 달고 바삭바삭하다. 사람들로 하여금 송나라 때 인종仁
宗처럼 야심한 밤에 양고기구이를 생각나게 한다.

羊肉切大块, 重五七觔者, 铁叉火上烧之. 味果甘脆, 宜惹宋仁宗夜半之思
也.

통양 요리
全羊

양을 통째로 요리하는 방법은 72종이 있으나 먹을 수 있는 것은
18~19종에 불과하다. 그러나 이것은 용을 잡을 만한 기교屠龙之技가 필요하
기 때문에 일반 가정에서는 배우기 어렵다. 한 접시, 한 그릇, 비록 고기가
모두 양고기라 하더라도 맛이 각각 서로 달라야 좋다.

全羊法有七十二種, 可喫者不过十八九種而已. 此屠龙之技, 家厨难学. 一
盘一碗, 虽全是羊肉, 而味各不同才好.

사슴고기
鹿肉

사슴고기는 구하기가 쉽지 않다. 구해서 만들 수만 있다면 노루고기獐肉보다 더 신선하고 부드럽다. 구워도 되고 뭉근히 끓여서 먹어도 된다.

鹿肉不可轻得, 得而製之, 其嫩鲜在獐肉之上. 烧食可, 煨食亦可.

사슴근육 요리 두 가지
鹿筋二法

사슴의 근육은 부드럽게 만들기가 어렵다. 반드시 3일 전에 먼저 두드려서 삶는다. 삶는 사슴을 여러 차례 짜내어 누린내를 제거한 다음 육수를 붓고 뭉근하게 끓이다가 다시 닭고기 육수에 넣어 뭉근하게 끓인다. 간장, 술을 더하고 콩가루를 넣은 후 탕을 졸인다. 기타 다른 재료를 넣지 말고 흰색으로 변하면 그대로 접시에 담는다. 만약에 화퇴, 동순, 표고버섯과 함께 끓이면 홍색으로 변한다. 탕이 졸아들기 전에 그릇에 담는다. 흰색에는 곱게 간 산초가루를 뿌린다.

鹿筋难烂. 须三日前, 先捶煮之, 绞出臊水数遍, 加肉汁汤煨之, 再用雞汁汤煨; 加秋油, 酒, 微綽收汤; 不搀他物, 便成白色. 用盘盛之. 如兼用火腿, 冬笋, 香蕈同煨, 便成红色, 不收汤, 以碗盛之. 白色者, 加花椒细末.

노루고기
獐肉

노루는 소나 사슴처럼 포를 만들 수 있다. 사슴고기의 신선한 맛만은 못하지만 유난히 부드럽다.

> 製獐肉, 與製牛, 鹿同, 可以作脯. 不如鹿肉之活, 而细膩过之.

살쾡이
果子狸

살쾡이는 신선한 것을 얻기 어렵다. 절여서 말린 것은 술지게미를 넣고 쪄서 익힌다. 잘 드는 칼로 얇게 썰어 상에 올린다. 먼저 쌀뜨물米泔水에 하루 동안 담갔다가 소금을 넣고 지저분한 부분을 씻는다. 화퇴와 비교해 보았을 때 부드럽고 기름지다.

> 果子狸, 鲜者难得. 其醃乾者, 用蜜酒娘, 蒸熟, 快刀切片上桌. 先用米泔水泡一日, 去尽盐秽. 较火腿觉嫩而肥.

우유 같은 달걀찜
假牛乳

달걀흰자에 꿀과 주양을 넣고 잘 섞은 다음 찜통에 넣어 찐다. 부드러운 것을 제일로 여긴다. 너무 오래 찌면 단단해지고 달걀흰자가 많아도 단단해진다.

> 用雞蛋清拌蜜酒娘, 打掇入化, 上锅蒸之. 以嫩膩为主. 火候迟便老, 蛋清太多亦老.

사슴꼬리

鹿尾

윤문단공은 맛으로 치자면 사슴의 꼬리가 제일이라고 하였다. 남방 사람들은 늘 먹을 수 있는 것이 아니다. 북경에서 가지고 온 사슴꼬리는 쓴맛이 나면서 신선하지도 않다. 필자가 아주 큰 사슴꼬리를 먹어 보았는데 찻잎에 싸서 찐 것으로 맛이 과연 독특했다. 가장 맛있는 부분은 사슴꼬리의 피하의 지방이 농후한 부분이다.

尹文端公品味，以鹿尾为第一．然南方人不能常得．从北京来者，又苦不鲜新．余尝得極大者，用菜葉包而蒸之，味果不同，其最佳处，在尾上一道浆耳．

가금류
【 羽族单 】

닭은 가장 위대하고, 많은 요리가 닭으로 요리한다. 착한 사람이 덕을 쌓는데
사람들은 모르는 것과 같으니 닭·오리에 날짐승을 더하여 우족단을 짓는다.

雞公最巨, 諸菜赖之. 如善人积阴德, 而人不知. 故令领羽族之首, 而以他禽附之. 作羽族单.

닭백숙
白片雞

　살찐 닭을 삶아 살이 익어 하얗게 된 닭을 얇게 썬다. 이 요리는 본래
육즙이 정수와 같이 자연적인 맛元酒之味이 나는 것이 특징이다. 특히 시
골에서 요리를 할 수 없을 때 가장 간편하게 이용할 수 있는 방법이다. 삶
을 때는 물을 많이 넣지 않는다.

> 肥雞白片, 自是太羹, 元酒之味. 尤宜于下乡村, 人旅店, 烹飪不及之时, 最
> 为省便. 煮时水不可多.

닭다리완자
雞松

살찐 닭 1마리, 닭다리 2개에서 근육만 떼어내고 다진다. 껍질은 손상시키지 않는다. 달걀흰자에 콩가루粉纖를 무치고 잣松子肉을 함께 다져 덩어리로 만든다. 만약 다리로 부족하면 가슴살脯子肉을 네모나게 썰어 참기름에 노랗게 튀긴 다음 발鉢에 담는다. 백화주百花酒[1]를 반 근, 간장을 큰 잔으로 1잔, 닭기름雞油 1국자, 동순, 표고버섯, 생강, 파 등을 넣는다. 그 위에 나머지 닭뼈와 껍질은 덮어둔다. 큰 그릇에 물을 담고 찜통에 넣어 익힌다. 먹을 때 껍질은 걷어낸다.

肥雞一隻, 用兩腿, 去筋骨剁碎, 不可伤皮. 用雞蛋清, 粉縴, 松子肉, 同剁成块. 如腿不敷用, 添脯子肉, 切成方块, 用香油灼黄, 起放鉢头内, 加百花酒半斤, 秋油一大杯, 雞油一铁勺, 加冬笋, 香蕈, 薑, 葱等. 将所餘雞骨皮蓋面, 加水一大碗, 下蒸笼蒸透, 临喫去之.

닭 튀김
生炮雞

영계小雏雞를 잘게 조각낸다. 간장과 술을 넣어 버무려 먹을 때 꺼내어 끓는 기름에 튀긴다. 꺼낼 때 한 번 더 튀기고 또 세 번 튀겨 그릇에 담고 식초와 술, 콩가루, 파 송송 썬 것을 뿌린다.

小雏雞斩小方块, 秋油, 酒拌, 临喫时拿起, 放滚油内灼之, 起锅又灼, 连灼三回, 盛起, 用醋, 酒, 粉縴, 葱花喷之.

---

1 백화주百花酒: 진강지역의 명주

닭죽
雞粥

살찐 어미닭 1마리를 칼로 양쪽 가슴살補肉의 껍질을 벗겨 얇게 긁거나 혹은 대패刨刀를 사용하여 깎아도 좋다. 토막을 치면 안 된다. 토막을 치면 부드럽지 않다. 남은 닭을 이용하여 탕을 끓여 놓고 먹을 때 굵기가 가는 쌀 당면, 화퇴 다진 것, 잣을 함께 다져서 탕에 넣는다. 먹기 전에 생강, 끓인 닭기름雞油을 끼얹는다. 또 찌꺼기는 걸러 내도 되고 그냥 둬도 된다. 노인에게 적합하다. 대개 토막 친 것은 찌꺼기를 걸러내고, 긁은 것은 찌꺼기를 거르지 않는다.

> 肥母雞一隻, 用刀將两補肉去皮细刮, 或用刨刀亦可; 只可刮刨, 不可斩, 斩之便不膩矣. 再用餘雞熬湯下之. 喫时, 加细米粉, 火腿屑, 松子肉, 共敲碎放汤内. 起锅时放葱, 薑, 浇雞油, 或去渣, 或存渣, 俱可. 宜于老人, 大概斩碎者去渣, 刮刨者不去渣.

초계
焦雞[2]

살찐 어미닭을 깨끗이 씻어 통째로 솥에 넣고 삶는다. 그리고 돼지기름 4량(150g), 회향 4개를 함께 넣어 80% 정도 익혀 참기름에 노랗게 튀긴 다음 닭고기 원탕에 넣고 농해질 때까지 곤다. 간장, 술, 파를 넣고 먹을 때는 잘게 썰어서 낸다. 아울러 원래 탕을 끼얹거나 무쳐서 내도 좋다. 이 요리는 양중승楊中丞의 집에서 전해져 내려오는 방법이다. 방보형方輔兄 집의 방

---

2 초계焦雞: 닭을 삶아 튀겨서 다시 원 즙에 졸여서 내는 요리로 초焦는 튀겨서 바삭바삭한 모양을 표현한 것이다.

법도 좋다.

> 肥母雞洗净, 整下锅煮. 用猪油四两, 回香四个, 煮成八分熟, 再拿香油灼
> 黄, 还下原汤熬浓, 用秋油, 酒, 整葱收起. 临上片碎, 并将原滷浇之, 或拌
> 贊亦可. 此楊中丞家法也. 方辅兄家亦好.

추계
捶雞[3]

통닭整雞을 두드려 간장과 술을 넣고 끓인다. 남경의 고남창 태수의 집에서 만든 것이 가장 정교하다.

> 将整雞捶碎, 秋油, 酒煮之. 南京高南昌太守家, 製之最精.

닭고기 편볶음
炒雞片

닭가슴살雞補肉을 껍질을 벗겨 얇게 썬다. 콩가루, 참기름, 간장에 무친다. 콩가루를 섞고 달걀흰자에 조물조물하여 솥에 넣을 때 장, 과강, 파 다진 것을 함께 넣는다. 반드시 아주 센 불旺之火에서 볶는다. 한 접시에 4량(150g)을 초과하지 않아야 골고루 익는다.

> 用雞補肉去皮, 斩成薄片. 用豆粉, 蔴油, 秋油拌之, 縴粉调之, 雞蛋清抓. 临
> 下锅加酱, 瓜薑, 葱花末. 须用極旺之火炒. 一盘不过四两, 火氣才透.

---

3 추계捶雞: 통닭을 홍두깨로 두드려 부드럽게 만든 요리

영계찜
蒸小雞

작고 부드러운 영계를 접시에 올려 놓고 간장, 술지게미, 표고버섯, 죽순의 뾰족한 끝과 함께 찜통에서 찐다.

用小嫩雞雛, 整放盘中, 上加秋油, 甜酒, 香蕈, 笋尖, 饭锅上蒸之.

바람에 말린 닭
酱雞

생닭 1마리를 간장에 하루 종일 담갔다가 바람에 말린다. 이것을 삼동채라고 한다.

生雞一隻, 用清酱浸一晝夜, 而风乾之. 此三冬菜也.

주사위 모양의 닭볶음
雞丁

닭가슴살補子[4]을 주사위 모양으로 작은 덩어리로 썬다. 끓는 기름에 볶는다. 간장과 술을 넣어 국물이 졸아들을 때 물밤, 죽순, 표고버섯을 깍두기 모양으로 썰어 버무린다. 국물이 검은 색이면 좋다.

取雞補子; 切骰子小块, 入滚油炮炒之, 用秋油, 酒收起; 加荸荠丁, 笋丁, 香蕈丁拌之. 汤以黑色为佳.

---

4 보자補子: 가슴살일 것으로 사료된다.

닭고기완자
雞圓

닭가슴살을 다져서 동그랗게 술잔 크기로 만든다. 새우완자만큼 신선하고 연하다. 양주 장팔태야가의 방법이 제일 정교하다. 돼지기름, 무, 콩가루를 섞는다. 표면이 매끄러워야 한다.

斬雞補子肉为團, 如酒杯大, 鮮嫩如虾團. 扬州莊八太爷家, 製之最精. 法用猪油, 萝蔔, 縴粉揉成, 不可放節.

표고버섯 닭조림
蘑菇煨雞

표고버섯口蘑菇[5] 4량(150g)을 끓는 물에 담가 모래를 없애고 냉수에 담가 칫솔로 닦는다. 다시 맑은 물에 4번 씻는다. 식용유 2량(75g)을 끓여 튀겨 익히고 술을 붓는다. 덩어리로 썬 닭을 솥 안에 넣고 끓으면 거품을 제거한다. 술지게미, 간장을 넣어 80% 정도 익힌다. 표고버섯을 넣고 다시 끓여 20% 정도 익으면 죽순, 파, 산초를 넣고 건진다. 물을 넣을 필요가 없고 얼음사탕 3전(11.25g)을 더한다.

口蘑菇四两, 开水泡去砂, 用冷水漂, 牙刷擦, 再用清水漂四次, 用菜油二两炮透, 加酒喷. 将雞斬块放锅内, 滚去沫, 下甜酒, 清酱, 煨八分功成, 下蘑菇, 再煨二分功程, 加笋, 葱, 椒起锅. 不用水, 加冰糖三钱.

---

5 구마고口蘑菇: 표고버섯의 일종

배닭볶음
梨炒雞

어린 닭의 가슴살雞胸肉을 얇게 썬다. 먼저 돼지기름 3량(112.5g)을 끓여 익힌 다음 3~4회 정도 볶는다. 그리고 참기름 1국자, 콩가루, 고운 소금盐花, 생강즙, 산초가루를 각각 1작은술씩 넣고 배雪梨를 얇게 썰어 더한다. 표고버섯을 잘게 썰어 넣은 뒤 3~4회 정도 볶는다. 건져서 5촌(약 15cm)짜리 접시에 담는다.

> 取雛雞胸肉切片, 先用猪油三兩熬熟, 炒三四次, 加蔴油一瓢, 縴粉, 盐花, 薑汁, 花椒末各一茶匙, 再加雪梨薄片, 香蕈小块, 炒三四次起锅, 盛五寸盘.

닭가슴살말이 튀김
假野雞卷

가슴살補子을 잘게 썰어서 달걀雞子 한 개와 간장에 재운 뒤 돼지 안심을 싸고 있는 기름網油을 잘게 잘라서 조금씩 나누어 싼 다음 기름에 넣어 튀긴다. 다시 간장, 술, 양념, 표고버섯, 목이버섯을 넣고 건질 때 설탕을 한 주먹 넣는다.

> 将補子斩碎, 用雞子一个, 调清酱鬱之, 将網油劃碎, 分包小包, 油裏炮透, 再加清酱, 酒, 作料香蕈, 木耳, 起锅加糖一撮.

황아채사계
黄芽菜俟雞[6]

닭을 토막 친다. 솥에 기름을 붓고 닭을 넣어 볶은 다음 술을 넣고

20~30번, 간장을 넣고 20~30번 끓어오를 때까지 가열한다. 물을 넣어 끓으면 재료를 잘라 넣고 닭이 70~80% 정도 더 익기를 기다렸다가 재료를 넣고 다시 끓여 30% 정도 익으면 설탕, 파, 회향 등의 양념을 넣는다. 이 재료는 따로 끓여 익혀서 넣기도 한다. 닭 한 마리당 4량(150g)의 기름을 사용한다.

將雞切块, 起油锅生炒透, 酒滚二三十次, 加秋油後, 滚二三十次, 下水滚. 將菜切块, 俟雞有七分熟, 將菜下锅, 再滚三分, 加糖, 葱, 大料. 其菜要另滚熟搀用. 每一隻用油四两.

밤닭볶음
栗子炒雞

닭은 토막을 친다. 채종유 2량(75g)에 튀긴 다음 술 한 사발을 넣고 간장을 작은 잔으로 1잔, 물을 밥그릇으로 한 그릇 붓고 70~80% 정도 익힌다. 먼저 밤을 삶아 익힌다. 죽순을 넣고 다시 30% 정도 익힌다. 설탕을 한 움큼 넣는다.

雞斩块, 用菜油二两炮, 加酒一饭碗, 秋油一小杯, 水一饭碗, 煨七分熟; 先將栗子煮熟, 同笋下之, 再煨三分起锅, 下糖一撮.

---

6 황아채사계黃芽菜俟雞: 요리 이름은 '배추黃芽菜가 닭鷄을 기다린다俟'는 뜻이지만 재료에 배추가 들어 있지 않으므로 아마도 이 요리를 만들어 배추 위에 얹으려고 한 의도를 엿볼 수 있다. 따라서 요리 이름을 배추가 닭을 기다린다고 표현한 것이다.

닭조림
灼八块

연한 닭 1마리를 8조각으로 자른다. 끓는 기름에 튀긴다. 기름을 제거하고 간장 1잔, 술 반 근을 넣고 졸인 다음 건진다. 물은 넣을 필요가 없다. 센 불武火에 익힌다.

嫩雞一隻, 斬八块, 滾油炮透, 去油, 加清酱一杯, 酒半斤, 煨熟便起. 不用水, 用武火.

진주완자
珍珠団

익힌 닭가슴살補子을 황두만 하게 자른 다음 간장과 술에 버무린다. 마른 가루를 많이 묻혀 솥에 넣고 볶는다. 볶을 때는 식물에서 짠 기름을 사용하는 것이 좋다.

熟雞補子, 切黃豆大块, 清酱, 酒拌匀, 用乾麪滾满, 入锅炒. 炒用素油.

황기닭찜
黃芪蒸雞治療

알을 낳아본 적이 없는 어린 닭을 잡는다. 물에 씻지 말고 내장을 꺼낸다. 황기黃芪 1량(37.5g)을 뱃속에 넣는다. 솥 안에 젓가락을 얼기설기 놓고 닭을 올려놓고 찐다. 공기가 통하지 않게 한다. 익으면 꺼낸다. 즙이 농하고 신선하다. 허약한 증상弱症을 치료한다.

取童雞未曾生蛋者杀之, 不见水, 取出肚脏, 塞黄芪一两, 架箸放锅内蒸之,
四面封口, 熟时取出. 滷浓而鲜, 可疗弱症.

닭무침
滷雞

완전한 닭 1마리, 배 안에 파 30여 대, 회향茴香 2전(7.5g), 술 1근, 간장
을 작은 잔으로 1잔, 먼저 향 1개가 탈 정도의 시간만큼 끓인 다음 물 1근
을 붓는다. 기름脂油 2량(75g)과 함께 끓인다. 닭이 익기를 기다렸다가 기름
을 제거한다. 물은 끓는 물을 넣고, 농한 즙이 한 밥그릇 정도 남았을 때 건
진다. 혹은 아주 잘게 썰거나, 얇게 썰어 원 즙에 무쳐 먹는다.

滷雞一隻, 肚内塞葱三十条, 茴香二钱, 用酒一斤, 秋油一小杯半, 先滚一
枝香, 加水一斤, 脂油二两, 一齐同煨; 待雞熟, 取出脂油. 水要用熟水, 收
浓滷一饭碗, 才取起; 或拆碎, 或薄刀片之, 仍以原滷拌食.

장어사 집 닭 요리
蔣雞

어린 닭童子雞 1마리, 소금 4전(15g), 간장 1순가락, 소흥주老酒 찻잔으로
반 잔, 생강 큰 것 3조각을 사과砂锅에 담아 중탕하여 익어서 무르면 뼈를
빼낸다. 물로 씻지 않는다. 장어사蔣御史의 집에서 만드는 방법이다.

童子雞一隻, 用盐四钱, 酱油一匙, 老酒半茶杯, 薑三大片, 放砂锅内, 隔水
蒸烂, 去骨, 不用水. 蔣御史家法也.

당정함 집 닭 요리
唐雞

닭 1마리 2근짜리, 혹은 3근짜리를 준비한다. 만약에 2근짜리를 사용한다면, 밥그릇으로 술 1그릇, 물 3그릇을 붓는다. 3근짜리면 더 첨가한다. 먼저 닭을 토막 친다. 채종유 2량(75g)을 넣고 기다렸다가 끓으면 닭을 튀겨 익힌다. 먼저 술을 넣고 10~20번 끓인 다음 물을 붓고 200~300번 끓인다. 간장을 술잔으로 1잔을 넣고 건질 때 설탕 1전(3.75g)을 넣고 끓인다. 이는 당정함 집의 요리법이다.

雞一隻, 或二斤, 或三斤. 如用二斤者, 用酒一饭碗, 水三饭碗; 用三斤者, 酌添. 先將雞切块, 用菜油二两, 候滚熟, 爆雞要透; 先用酒滚一二十滚, 再下水约二三百滚; 用秋油一酒杯; 起锅时, 加白糖一钱. 唐静涵家法也.

닭간
雞肝

술과 식초를 뿌려 볶는다. 부드러운 것이 귀하다.

用酒, 醋喷炒, 以嫩为贵.

닭피
雞血

닭피雞血를 길쭉하고 도톰하게 썰고, 육수, 간장, 식초, 전분素粉으로 갱을 끓인다. 노인에게 적합하다.

取雞血为条, 加雞汤, 酱, 醋, 索粉作羹, 宜于老人.

닭채무침
雞丝

닭을 잡아 채로 썰어 간장, 겨자, 식초를 넣고 무친다. 이 요리는 항주
요리이다. 죽순, 셀러리를 더해도 좋다. 죽순채, 간장과 술을 넣어 볶아도 좋
고, 무칠 때는 익힌 닭고기를 사용하고, 볶을 때는 생닭을 사용한다.

拆雞为丝, 秋油, 芥末, 醋拌之. 此杭州菜也. 加笋加芹俱可; 用笋丝, 秋油,
酒炒之亦可, 拌者, 用熟雞, 炒者用生雞.

술지게미에 절인 닭
糟雞

술지게미에 절인 닭을 요리하는 방법은 술지게미에 절인 돼지고기 요리
법과 같다.

糟雞法, 與糟肉仝.

닭 콩팥
雞腎

닭의 콩팥 30개를 삶아서 약간 익혀 껍질을 벗긴다. 닭 육수와 양념을
넣고 끓인다. 신선하고 부드러운 맛이 절묘하다.

取雞肾三十个, 煮微熟, 去皮, 用雞汤加作料煨之, 鲜嫩绝伦.

달걀
雞蛋

달걀은 껍질을 까서 그릇에 담고 대나무 젓가락竹箸으로 천 번 정도 저어서 찌면 아주 부드럽다. 무릇 달걀은 가열하기 시작하면 단단해지는데, 가열하는 시간이 길면 오히려 부드럽다. 찻잎茶葉을 더하여 향 2개가 탈 정도의 시간만큼 삶는다. 달걀이 100개면 소금은 1량(37.5g), 달걀이 50개면 소금은 5전(18.75g)을 넣고 장을 더하여 삶는다. 기타 혹은 지지거나 볶거나 모두 좋다. 섬참새黄雀를 다져 넣고 쪄도 좋다.

雞蛋去壳放碗中, 将竹箸打一千回蒸之, 绝嫩. 凡蛋一煮而老, 一千煮而反嫩. 加茶葉煮者, 以两炷香为度. 蛋一百, 用盐一两; 五十, 用盐五钱. 加醬煨亦可. 其他则或煎或炒俱可. 斩碎黄雀蒸之, 亦佳.

야생 닭 요리법 다섯 가지
野雞五法

야생 닭野雞은 가슴살을 떼어내 간장에 담근다. 돼지안심을 싸고 있는 기름으로 싼 다음 설합铁奩에 넣어 굽는다. 네모나게 얇게 썰어도 좋고, 돌돌 말아도 좋다. 이것이 한 가지 방법이다. 두 번째로 편으로 썰어서 양념을 넣어 볶는 것도 한 방법이다. 세 번째는 닭가슴살을 네모나게 써는 것이고, 네 번째는 집에서 기른 닭을 통째로 끓이는 것이다. 다섯 번째는 먼저 기름에 튀겨서 채로 썰어 술을 더하고 간장과 식초를 넣고 셀러리에 함께 차게 무치는 것冷拌이다. 닭고기를 생으로 편 썰어 휘궈에 넣고 익어서 올라오면 금세 먹는다. 하지만 고기가 연하면 맛이 배이지 않고, 고기에 맛이 배게 하려면 고기가 너무 단단해진다.

野雞披胸肉, 清醬鬱过, 以網油包放铁盒上烧之. 作方片可, 作卷子亦可. 此一法也. 切片加作料炒, 一法也; 取胸肉作丁, 一法也; 當家雞整煨, 一法也. 先用油灼折丝, 加酒, 秋油, 醋, 全芹菜冷拌, 一法也. 生片其肉, 入火锅中, 登时便喫, 亦一法也. 其弊在肉嫩则味不入, 味入则肉又老.

닭 붉게 조림
赤燜肉雞

닭 붉게 조림을 만드는 방법이다. 깨끗하게 씻어 토막을 친다. 닭이 1근이면 좋은 술 12량(450g), 소금 2전 5분(9.3g), 얼음사탕冰糖 4전(15g)을 갈아서 넣고 계피를 넣는다. 함께 사궈에 넣고 약한 탄불文炭火로 뭉근히 끓인다. 술이 졸아들면 오히려 닭고기가 무르지 않는다. 매 근당 맑은 끓는 물을 찻잔으로 1잔 더한다.

赤燜肉雞, 洗切净, 每一斤用好酒十二两, 盐二钱五分, 冰糖四钱, 研酌加桂皮, 同入砂锅中, 文炭火煨之. 倘酒将乾, 雞肉尚未烂, 每斤酌加清开水一茶杯.

표고버섯 닭조림
蘑菇煨雞

닭고기 1근, 술지게미 1근, 소금 3전(11.25g), 얼음사탕 4전(15g), 신선하

수원식단 隨園食單

고 곰팡이가 피지 않은 양송이 등을 약한 불로 향을 두 개 정도 태울 시간 만큼 끓인다. 물을 넣지 않고 먼저 닭을 80% 정도 익힌다. 그런 다음 다시 버섯을 넣는다.

> 雞肉一斤, 甜酒一斤, 盐三钱, 冰糖四钱, 蘑菇用新鲜不霉者, 文火煨二枝线 香为度. 不可用水, 先煨雞八分熟, 再下蘑菇.

비둘기
鸽子

비둘기를 좋은 화퇴와 함께 끓이면 제일 아름답다. 화육을 사용하지 않아도 된다.

> 鸽子如好火腿仝煨, 甚佳. 不用火肉, 亦可.

메추리알
鸽蛋

메추리알 요리법은 닭의 콩팥조림법과 같다. 혹은 지져서 먹어도 좋다. 식초를 살짝 쳐도 좋다.

> 煨鸽蛋法, 與煨雞肾同. 或煎食亦可, 加微醋亦可.

야생 오리
野鴨

야생 오리를 도톰하게 편 썬다. 간장에 담근다. 설리에 두 조각을 끼워 굽는다炮烦. 소주의 포도태包道台가의 방법이 가장 좋으나 지금은 전하지 않는다. 집 오리 찌는 방법과 같이 쪄도 또한 좋다.

野鴨切厚片, 秋油郁过, 用两片雪梨, 來往炮炒之. 苏州包道台家, 製法最精, 今失传矣. 用蒸家鴨法蒸之, 亦可.

오리찜
蒸鸭

살아 있는 살찐 오리를 뼈를 제거하고 찹쌀糯米 술잔으로 1잔, 깍두기 모양으로 썬 화퇴와 대두채, 표고버섯, 죽순, 간장, 술, 작은 버섯, 참기름, 다진 파를 모두 오리 뱃속에 넣어준다. 그 외 접시에 육수를 담아둔다. 물 위에서 찌면 투명해진다. 이것이 진정한 위태수 집의 요리법이다.

生肥鸭去骨, 内用糯米一酒杯, 火腿丁, 大头菜丁, 香蕈, 笋丁, 秋油, 酒, 小磨蔴油, 葱花, 俱灌鸭肚内; 外用雞汤放盘中, 隔水蒸透. 此真定魏太守家法也.

바보오리
鴨糊塗[7]

살찐 오리를 물에 넣고 삶아서 80% 정도 익혀 식으면 뼈를 제거한다. 오리의 원래 모양대로 네모나지도 않고 둥글지도 않은 덩어리로 만들어 오리를 삶았던 탕을 넣어 끓인다. 소금 3전(11.25g), 술 반 근, 산약山藥 다진 것을 함께 솥에 넣고 가루를 풀어 걸쭉하게 만든다. 끓어서 무르면 다시 생강 다진 것, 표고버섯, 다진 파와 농한 탕을 넣고 콩가루를 넣고 산약 대신 토란을 넣어도 묘하다.

用肥鴨, 白煮八分熟, 冷定去骨, 拆成天然不方不圓之块, 下原湯内煨, 加盐三钱, 酒半斤, 捶碎山药, 同下锅作縴. 临煨烂时, 再加薑末, 香蕈, 葱花. 如要浓汤, 加放粉縴. 以芋代山药亦妙.

술오리
滷鴨

물을 넣지 않고 술을 넣고 끓인다. 오리는 뼈를 제거한다. 양념을 더하여 먹는다. 고요高要지역의 령양공 집의 요리법이다.

不用水, 用酒煮. 鴨去骨, 加作料食之. 高要令杨公家法也.

오리조림
鴨脯

살찐 오리를 큰 덩어리로 썰어 술 반 근, 간장 1잔, 표고버섯, 다진 파를 넣고 뚜껑을 덮는다. 탕이 졸아들면 꺼낸다.

---

7 압호도鴨糊塗: 요리 이름인 압호도鴨糊塗의 압鴨은 오리이고 호도糊塗는 바보라는 뜻이다. 오리 요리인데 요리의 형태가 둥글지도 않고 네모나지도 않으며, 맛은 농하거나 담백하지도 않고, 탕이 있는 것 같기도 하고 없는 것 같기도 하여 뚜렷하게 특징이 없으므로 바보오리鴨糊塗라고 칭하였다.

用肥鸭, 斩大方块, 用酒半斤, 秋油一杯, 笋, 香蕈, 葱花焖之, 收卤起锅.

오리찜구이
烧鸭

어린 오리를 꼬치에 꿰어 굽는다叉烧. 빙관찰가观察家의 요리사가 제일 잘 만든다.

用雏鸭, 上叉烧之. 冯观察家厨最精.

오리구이
挂卤鸭

오리 배에 파를 가득 채운 뒤 뚜껑을 덮고 굽는다. 수서문허점이 제일 잘한다. 집에서는 만들 수 없다. 황색과 흑색이 한 가지씩 있으나 황색이 훨씬 묘하다.

塞葱鸭腹, 盖闷而烧. 水西门许店最精. 家中不能作. 有黄, 黑一色, 黄者更妙.

오리찜
乾蒸鸭

항주에 있는 상인 하성거何星擧 집의 오리찜干蒸鸭이다. 살찐 오리 한 마리를 깨끗이 씻어 여덟 덩어리로 잘라 술지게미, 간장에 오리를 푹 담근다. 자기로 만든 관磁罐에 담아 잘 봉한 다음 간과乾锅에 넣고 찐다. 약한 탄불文炭火을 사용하고 물은 붓지 않는다. 상에 올릴 때는 살코기 부분이 진흙처럼 부드럽다. 향을 2개 태울 정도의 시간 동안 끓인다.

杭州商人何星擧家干蒸鴨. 将肥鴨一隻, 洗净斩八块, 加甜酒, 秋油, 淹满鸭面, 放磁罐中封好, 置乾锅中蒸之; 用文炭火, 不用水. 临上时, 其精肉皆烂如泥. 以线香二枝为度.

야생 오리완자
野鴨团

오리의 앞 가슴살鴨胸前肉을 잘게 다져서 썰어 돼지기름을 더하고 약간의 콩가루를 더한 다음, 부드럽게 덩어리를 만들어 닭고기 육수에 넣어 끓인다. 혹은 원래 오리를 끓인 탕도 좋다. 태흥공친가에서 만든 것이 매우 정교하다.

细斩野鴨胸前肉, 加猪油微缚, 调揉成团, 入雞汤滚之. 或用本鸭汤亦佳. 太兴孔亲家製之, 甚精.

서압
徐鴨

매우 크고 신선한 오리 1마리에 백화주百花酒 12량(45g), 청염青盐 1량 2전(45g)과 끓는 물 한 그릇을 넣고 소금이 녹으면 찌꺼기를 건진다. 다시 7그릇의 냉수로 바꾸어주고 약 1량(37.5g)이 되는 신선한 생강을 네 조각으로 두껍게 편 썰어 뚜껑이 있는 발瓦蓋钵에 넣고 닥나무종이皮纸[8]로 뚜껑을 봉한다.

큰 화롱火笼[9]에 넣고 1개에 2문[10]전 하는 연료炭吉[11] 3개를 땐다. 화롱 겉에는 덮개罩를 씌워 기가 새어나가지 않게 한다. 아침부터 가열하기 시작하면 밤까지 해야 한다. 일찍 꺼내면 익지도 않고 맛도 없다. 연료炭吉가 모두 타서 익어도 와발을 바꾸면 안 되고 미리 열어보는 일도 없어야 한다. 오리가 무르면 맑은 물로 씻은 다음 물들이지 않은 보자기無浆布로 닦아서 발에 담는다.

> 顶大鲜鸭一隻, 用百花酒十二两, 青盐一两二钱, 滚水一汤碗, 冲化去渣沫; 再兑冷水七饭碗, 鲜薑四厚片, 约重一两, 同入大瓦蓋钵内, 将皮纸封固口, 用大火笼烧透大炭吉三元, 约二文一个. 外用套包一個, 将火笼罩定, 不可令其走氣. 约早點时炖起, 至晚方好. 速则恐其不透, 味便不佳矣. 其炭吉烧透後, 不宜更换瓦钵, 亦不宜预先开看. 鸭破开时, 将清水洗後, 用潔净無浆布拭乾入钵.

참새조림
煨麻雀

참새 50마리를 간장과 술지게미와 함께 끓인다. 익으면 발과 다리는 버린다. 단지 참새의 가슴살을 취하여 탕까지 접시에 담는다. 단맛이 별미이다. 기타 까치류의 새도 가능하다. 단 일정 기간에는 신선한 것을 얻기가 어

---

8 피지皮纸: 닥나무 껍질 등으로 만든 일종의 견고한 종이
9 화롱火笼: 화로에 씌워 재료를 말리는 기구
10 문文: 동전을 세는 데 쓰이는 기본 단위이다. 동전 1개를 일문一文이라 하였다.
11 탄길炭吉: 연료의 일종

렵다. 설생백薛生白이 사람에게 권하기를 "양식한 것은 먹지 말라." 하였다. 날짐승野禽味이 맛이 신선하고 소화도 잘 된다.

> 取麻雀五十隻, 以淸醬, 甛酒煨之, 熟後去爪脚, 单取雀胸, 头肉, 连湯放盘中, 甘鮮異常. 其他鸟鵲俱可类推. 但鲜者一时难得. 薛生白常劝人: "勿食人间豢养之物." 以野禽味鮮, 且易消化.

메추리와 검은머리방울새조림
煨鵪鶉黃雀

메추리는 육합에서 나는 것이 제일 좋다. 미리 만들어 놓은 것도 좋다. 검은머리방울새黃雀는 소주의 술지게미와 밀주를 넣어 뭉근하게 끓여 익힌 다음 양념을 넣는데, 이는 참새조림법과 같다. 소주에 있는 심관찰의 검은머리방울새조림은 뼈까지 부드러운데 만드는 방법은 모른다. 생선편 볶음도 정교하다. 그 요리사의 정교한 솜씨는 모든 오문吳門지역에서 제일이다.

> 鵪鶉用六合来者最佳. 有现成製好者. 黃雀用苏州糟, 加蜜酒煨烂, 下作料, 與煨麻雀仝. 苏州沈观察煨黃雀, 并骨如泥, 不知作何製法. 炒鱼片亦精. 其厨馔之精, 合吴门惟为第一.

운림 집의 거위 요리
雲林鵝

아찬의 아운림倪雲林[12]의 집에 기재되어 있는 거위鵝 요리법이다. 거위

---

12 아운림倪雲林: 원대元代 화가로 이름은 아찬倪瓚, 《운림당음식제도집雲林堂飮食製度集》의 저자

한 마리를 통째로 깨끗이 씻어 소금 3전(11.25g)을 뱃속에 넣고 문지른 다음 파 1단을 뱃속에 가득 채운다. 몸통 겉에는 술에 꿀을 섞어 충분히 바른다. 솥에 술 한 사발, 물 한 사발을 넣고 대나무로 걸개를 만들어 거위가 물에 닿지 않게 올려놓는다. 아궁이 안에 땔감山茅 두 다발을 넣고 천천히 다 탈 때까지 땐다. 솥뚜껑이 차가워질 때까지 기다렸다가 솥뚜껑을 열어 거위를 뒤집는다. 솥뚜껑을 잘 덮고 찐다. 다시 땔감 한 다발을 땐다. 땔감이 다 탈 때까지 뚜껑을 열어서는 안 된다. 면 종이를 사용하여 봉하면 말라서 갈라지므로 물을 적셔둔다. 건질 때 거위는 진흙처럼 부드럽고 탕도 신선하고 아름답다. 이 방법으로 오리를 요리해도 좋다. 서시 한 다발이면 무게 2근 8량(1.5kg)짜리 오리를 요리할 수 있다. 소금으로 문지를 때 파와 산초 다진 것과 술을 넣어 잘 섞는다. 《운림집》 중에 기재되어 있는 식품이 아주 많지만 단지 이 요리 한 가지만 해 보았는데 무척 효과가 좋아서 이곳에 덧붙인다.

倪雲林集中, 载製鵝法. 整鵝一隻, 洗净後, 用盐三钱擦其腹内, 塞葱一帚填实其中, 外将蜜拌酒通身满塗之, 锅中一大碗酒, 一大碗水蒸之; 用竹箸架之, 不使鵝身近水. 竈内用山芋二束, 缓缓烧尽为度. 俟锅蓋冷後, 揭开锅蓋, 将鵝翻身, 仍将锅蓋封好蒸之, 再用芋柴一束, 烧尽为度; 柴俟其自尽, 不可挑拨. 锅蓋用绵纸糊封, 逼燥裂缝, 以水润之. 起锅时, 不但鵝烂如泥, 汤亦鲜美. 以此法製鴨, 味美亦同. 每茅柴一束, 重一斤八两. 擦盐时串入葱, 椒末子, 以酒和匀. 雲林集中载食品甚多; 只此一法, 试之颇效, 餘俱附会.

거위구이
烧鹅

항주지역의 거위구이는 사람을 웃게 만든다为人所笑. 왜냐하면 그 생김

새 때문이다. 집에서 요리사가 직접 굽는 절묘한 맛만은 못하다.

杭州烧鹅, 为人所笑, 以其生也. 不如家厨自烧为妙.

비늘 있는 생선류

【 水族有鱗單 】

모든 생선은 비늘을 벗겨야 하지만 준치는 비늘을 벗기면 안 된다. 생선은 비늘
이 있어야 완전한 생선이므로 수족유린단을 짓는다.

魚皆去鱗, 惟鰣魚不去. 我道有鱗而魚形始全, 作水族有鱗单.

변어
边鱼[1]

살아 있는 변어에 술과 간장을 더하여 옥색이 날 때까지 찐다. 백색이
되면 생선살이 질기고 맛이 변한다. 찔 때는 반드시 뚜껑을 덮는다. 솥뚜껑
위에 물기가 생기면 안 된다. 꺼내기 전에 표고버섯, 죽순의 뾰족한 부분,
혹은 술을 사용하여 끓이면 더 좋다. 술은 넣어도 되지만 물을 넣으면 안
된다. '가짜 준치'라고 부른다.

边鱼活者, 加酒, 秋油蒸之. 玉色为度. 一作呆白色, 则肉老而味变矣. 并须
蓋好, 不可受锅蓋上之水氣. 临起加香蕈, 笋尖. 或用酒煎亦佳; 用酒不用
水, 號"假鰣鱼".

---

1 변어边鱼: 준치를 닮은 생선으로 남녕南寧지역에서 많이 잡힌다.

붕어
鲫鱼

먼저 좋은 붕어를 산다. 몸이 납작하면서 흰색이 나는 것이 살이 부드럽고 연하다. 익은 다음 들어 올리면 생선살과 뼈가 분리된다. 생선 등이 검고 몸이 둥근 것은 단단한 뼈가 많아 좋은 생선이 아니므로 먹으면 안 된다.

생선 파는 모습

변어찜 만드는 방법과 같이 찌는 것이 가장 좋고 지져서 먹어도 묘하다. 뼈에서 분리된 생선살은 수프로 끓여먹어도 좋다. 통주通州 사람은 탕으로 끓인다. 꼬리뼈가 부드럽다. 그래서 소어라고 부른다. 어린이들이 먹으면 이롭다. 어떻게 요리해도 쪄서 먹는 것이 진미이다. 남경의 연못에서 나는 것六合龙池은 크면 클수록 연해서 기이하다. 찔 때 술은 사용해도 물은 사용하지 않는다. 설탕을 조금 사용하면 맛이 신선하다. 생선의 크기에 따라서 간장과 술을 가감해서 넣는다.

鲫鱼先要善买. 择其扁身而带白色者, 其肉嫩而鬆; 熟後一提, 肉即卸骨而下. 黑脊浑身者, 堀强槎枒, 鱼中之喇子也, 断不可食. 照边鱼蒸法, 最佳, 其次煎喫亦妙. 折肉下可以作羹. 通州人能煨之, 骨尾俱酥, 號"酥鱼", 利小兒食. 然总不如蒸食之得真味也. 六合龙池出者, 愈大愈嫩, 亦奇. 蒸时用酒不用水, 小小用糖以起其鲜. 以鱼之小大, 酌量秋油, 酒之多寡.

백어찜
白鱼[2]

백어살은 생선살 중 가장 부드럽다. 준치 술지게미조림糟鰣鱼과 같은 방법으로 찌면 가장 맛있다. 혹은 겨울에 살짝 절였다가 술지게미酒娘糟를 넣고 이틀이 지나면 더욱 좋다. 필자는 강에서 그물로 잡은 활어에 술을 넣어 쪘는데 그 맛이 이루 말할 수 없을 정도로 좋았다. 술지게미를 넣은 것이 제일 아름답다. 오래 두면 안 된다. 오래 두면 생선살이 단단해진다.

白鱼肉最细. 用糟鰣鱼同蒸之, 最佳. 或冬日微醃, 加酒娘糟二日, 亦佳. 余在江中得網起活者, 用酒蒸食, 美不可言. 糟之最佳; 不可太久, 久則肉木矣.

계어
季鱼[3]

계어는 가시가 적어 얇게 썰어 볶으면 가장 좋다. 이를 귀하게 여긴다. 간장을 넣고 살짝 조린 후 콩가루, 달걀흰자를 넣고 주무른 다음 솥에 넣어 기름에 볶는다. 양념을 넣고 볶는다. 기름은 채종유를 사용한다.

季鱼少骨, 炒片最佳. 炒者以片薄为贵. 用秋油细鬱後, 用縴粉, 蛋清揑之, 入油锅炒, 加作料炒之. 油用素油.

---

2 백어白鱼: 머리와 꼬리가 좁은 생선으로 태호太湖에서 주로 난다.
3 계어季鱼: 강에서 자라는 생선으로 석반어石斑鱼의 일종이다.

토보어
土步鱼

항주에서는 강남지역의 하천에서 자라는 물고기土步鱼를 상품으로 치는데 금릉에서는 천하게 여긴다. 눈이 호랑이처럼 생겨서, 보기만 해도 웃음이 난다. 생선살이 부드러워서 지져도 되고, 끓여도 되고 쪄도 좋다. 소금에절인 개채醃芥를 넣어 탕으로 끓인다. 갱으로 끓이면 더욱 시원하다.

> 杭州以土步鱼为上品, 而金陵人贱之, 目为虎头蛇, 可发一笑. 肉最鬆嫩,
> 煎之, 煮之, 蒸之俱可. 加醃芥作湯, 作羹, 尤鲜.

어송
鱼松

청어青鱼, 혼어鯶鱼를 쪄서 익힌다. 생선살을 모두 발라서 기름에 넣고튀긴다. 황색이 돌면 소금, 파, 산초, 과강을 넣는다. 겨울에 병에 담아 봉해두면 한 달간 보존이 가능하다.

> 用青鱼, 鱼鯶蒸熟, 将肉拆下, 放油锅中灼之, 黄色, 加盐花, 葱, 椒, 瓜薑.
> 冬日封瓶中, 可以一月.

생선완자
鱼圆

살아 있는 백어, 청어를 반으로 가른다. 나무 판 위에 고정시키고 칼로생선살을 긁는다. 가시는 판 위에 남겨 둔다. 생선살은 잘게 다져 콩가루와돼지기름을 섞어 손으로 젓는다. 소금물은 조금 넣어도 되지만 간장은 넣으면 안 된다. 파, 생강즙을 넣어 완자魚圓를 만든 다음 끓는 물에 넣어 익힌다. 건진 다음 냉수에 담갔다 먹는다. 먹기 전 닭 육수와 김을 넣어 끓인다.

用白鱼, 青鱼活者, 破半钉板上, 用刀刮下肉, 留刺在板上; 将肉斩化, 用豆粉, 猪油拌, 将手搅之; 放微微盐水, 不用清酱. 加葱, 薑汁作团, 成後, 放滚水中煮熟撩起, 冷水养之, 临喫入雞汤. 紫菜滚.

생선편
鱼片

청어, 계어를 얇게 썰어 간장을 넣어 향이 나면 콩가루, 달걀흰자를 넣고 기름에 튀겨 건진 다음 작은 접시에 담는다. 파, 산초, 과강을 넣는데 6량(225g)을 초과하지 않는다. 양이 너무 많으면 불기운이 통하지 않는다.

取青鱼, 季鱼片, 秋油鬱之, 加緯粉, 蛋清, 起油锅炮炒, 用小盘盛起, 加葱, 椒, 瓜薑. 極多不过六两, 太多则火氣不透.

연어두부
连鱼豆腐

큰 연어连鱼를 지져서 익힌다. 두부를 더하고 양념장을 뿌린다. 파, 술을 넣어 끓으면 탕의 색이 반 정도 홍색이 되기를 기다렸다가 건진다. 그 첫맛이 좋다. 이는 항주의 요리이다. 생선의 크기에 따라 장을 가감하여 넣는 것이 좋다.

用大连鱼煎熟, 加豆腐, 喷酱水, 葱, 酒滚之, 俟汤色半红起锅, 其头味尤美. 此杭州菜也. 用酱多少, 须相鱼而行.

초루어
醋㮟鱼[4]

살아 있는 청어를 큰 조각으로 썰어 기름에 튀겨서 간장, 식초, 술을 뿌려둔다. 탕이 많으면 묘하다. 익기를 기다렸다가 익으면 얼른 건진다. 이 요리는 항주 서호 위에 있는 요리집 오류거五柳居가 가장 유명하다. 지금은 장도 냄새나고 생선도 상했다. 심지어 송수어갱宋嫂鱼羹[5]은 오히려 허명이다. 《몽양록梦梁錄》[6]도 믿기엔 부족함이 있다. 생선은 너무 크면 안 된다. 생선이 크면 맛이 배이지 않는다. 너무 작아도 안 된다. 작으면 가시가 많다.

用活青鱼切大块, 油灼之, 加酱, 醋, 酒喷之. 汤多为妙. 俟熟即速起锅. 此物杭州西湖上五柳居最有名. 而今则酱臭而鱼败矣. 甚矣! 宋嫂鱼羹, 徒存虚名.《梦梁录》不足信也. 鱼不可大, 大则味不入; 不可小, 小则刺多.

비늘 있는 생선류

133

은어
银鱼

은어银鱼가 헤엄치기 시작하면 빙선冰鲜이라 부른다. 닭고기 육수, 화퇴

---

4 초루어醋㮟鱼: 실제로는 초류어醋溜鱼이다. 류溜는 중국의 전통적인 조리법의 하나로 이미 익힌 요리에 양념하는 방법이다. 따라서 초류醋溜는 사용하는 양념 중 식초를 비교적 많이 넣어 신맛이 강하니 초루어는 신맛이 강한 생선 요리이다.

5 송수어갱宋嫂鱼羹: 궐어鳜鱼를 쪄서 익혀 살을 발라 양념을 넣어 끓인 탕

6 《몽양록梦梁錄》: 송대宋代 오자목吴自牧이 편찬한 책

를 넣어 끓인다. 혹은 볶아서 먹으면 아주 부드럽다. 말린 것은 불려서 연하게 한다. 양념장을 넣어 볶으면 더욱 묘하다.

> 银鱼起水时, 名冰鲜. 加雞汤, 火腿煨之, 或炒食甚嫩. 乾者泡软, 用酱水炒亦妙.

태상
台鮝

태주에서 나는 어상台鮝은 품질이 좋은 것도 있고 안 좋은 것도 있다. 그중 태주 송문에서 나는 것이 제일이다. 육질이 연하고 통통하다. 살아 있을 때 살을 발라서 반찬으로 이용할 수 있고 익혀 먹을 필요가 없다. 신선한 돼지고기와 함께 조릴 때는 반드시 고기가 무른 다음에 어상을 넣어야 한다. 그렇지 않으면 어상이 너무 부드러워서 녹아서 없어져 보이지 않는다. 얼린 것을 상동이라 하는데 소흥 사람이 좋아하는 조리법이다.

> 台鮝好醜不一. 出台州松门者为佳, 肉软而鲜肥. 生时折之, 便可當作小菜, 不必煮食也; 用鲜肉同煨, 须肉烂时放鮝; 否则, 鮝消化不见矣, 冻之即为鮝冻. 绍兴人法也.

당상
糖鮝[7]

겨울에 큰 잉어를 소금에 절였다 말린다. 술지게미를 넣고 단지에 담아

---

7 당상糖鮝: 잉어를 절였다가 말려서 술지게미로 맛을 낸 요리이다.

서 밀봉한다. 여름에 먹는다. 소주에 담그면 안 된다. 소주에 담그면 매운맛
이 없지 않다.

冬日用大鯉魚, 醃而乾之, 入酒糟, 置罈中, 封口. 夏日食之, 不可燒酒作
泡. 用燒酒者, 不無辣味.

새우알과 륵어포지짐
虾子勒鯗[8]

여름에 희고 깨끗한 알이 밴 륵어 말린 것을 선택하여 하루 동안 물에
담가 둔다. 소금기가 빠지면 햇볕에 말린다. 기름 솥에 지진다. 한쪽이 노릇
노릇하면 건진다. 한 쪽의 덜 노릇노릇한 부분에 새우알을 얹어 접시에 담
는다. 흰 설탕을 더하여 향이 1개 탈 시간 동안 찐다. 삼복에 먹으면 그 맛
이 절묘하다.

夏日选白净带子勒鯗, 放水中一日, 泡去盐味, 太阳晒乾, 入锅油煎, 一面黄
取起. 以一面未黄者铺上虾子, 放盘中, 加白糖蒸之, 以一炷香为度. 三伏日
食之绝妙.

생선포
鱼脯

살아 있는 청어를 머리와 꼬리를 잘라내고, 작은 토막으로 잘라 소금
에 절여 바람에 말려 기름에 지진다. 양념을 넣어 조린다. 다시 볶은 깨를

---

8 하자륵상虾子勒鯗: 하자虾子는 새우알, 륵상勒鯗은 륵어라는 생선을 말린 생선포

넣고 끓으면 버무려 꺼낸다. 소주의 방법이다.

> 活青鱼去头尾, 斩小方块, 盐醃透, 风乾, 入锅油煎; 加作料收滷, 再炒芝蔴
> 滚拌起锅. 苏州法也.

집에서 먹는 생선지짐
家常煎鱼

집에서 늘 먹는 방법으로 생선을 지질 때는 인내심이 필요하다. 먼저 싱싱한 생선을 깨끗이 씻는다. 토막 치고 소금에 절여서 꼭꼭 누른다. 기름에 넣어 양쪽을 모두 노릇노릇하게 지진다. 술을 많이 넣고, 간장을 넣고 약한 불에서 천천히 끓인다. 그 다음 탕이 줄어들면 양념을 넣고 양념의 맛이 모두 고기 안에 배이게 한다. 이 방법은 생선이 살아 있지 않을 때의 이야기이고, 만약 살아 있으면 더 빨리 꺼내면 절묘하다.

> 家常煎鱼, 须要耐性. 将鰱鱼洗净, 切块盐醃, 压扁, 入油中两面熯黄. 多加
> 酒, 秋油, 文火慢慢滚之, 然後收湯作滷, 使作料之味全入鱼中. 第此法指
> 鱼之不活者而言. 如活者, 又以速起锅为妙.

황고어
黄姑鱼

휘주徽州에서 나오는 작은 생선으로 길이는 2~3촌(약 7~10cm)이다. 햇볕에 말려서 부쳐온다. 술을 더하고 껍질을 벗긴다. 밥솥에 넣어서 쪄서 먹는다. 맛이 신선하다. 황고어라고 부른다.

徽州出小鱼，长二三寸，晒乾寄来. 加酒剥皮，放饭锅上蒸而食之，味最鲜，
號"黄姑鱼."

비늘 없는 생선 및 갑각류
【 水族無鱗單 】

비늘이 없는 생선은 비린내가 두 배나 강하므로 반드시 주의해야 하며 생강과 계피를 넣어 비린내를 억제시켜야 한다. 이에 수족무린단을 짓는다.

魚無鱗者, 其腥加倍, 须加意烹饪, 以薑桂勝之, 作水族無鱗单.

장어탕
汤鳗

장어鳗 요리를 할 때 가장 금기시 할 것은 뼈를 빼고 요리하는 것이다. 왜냐하면 이러한 종류의 재료는 비린내가 강해서 마음대로 요리하면 장어 원래의 맛을 잃어버릴 수 있어서 오히려 준치에서 비늘을 제거할 수 없는 것과 같다.

맑게 끓이는 방법은 민물장어 한 마리를 끈적임을 씻어 없애고 토막 쳐서 자관磁罐에 담는다. 술과 물을 넣고 푹 끓인다. 간장을 넣고 꺼낼 때 겨울에 절인 새 개채로 만든 탕을 넣고, 파를 많이 넣고, 생강을 넣어 비린내를 없앤다. 상숙고 비부의 집에서 만든 요리는 콩가루와 산약을 넣어 끓였더니 묘하다.

혹은 양념을 더하여 접시에 놓고 찌는데 물은 넣을 필요가 없다. 가치화 분사分司가 만든 장어찜이 가장 아름답다. 간장과 술의 비율을 4:6으로 넣고 장어가 탕에 잠기도록 힘쓴다. 찜통을 들어내는 시간이 절묘해야 한다. 너무 오래 찌면 껍질이 쭈글거리고 맛을 잃는다.

鰻魚最忌出骨. 因此物性本腥重, 不可過于擺布, 失其天真, 猶鯚魚之不可去鱗也. 清煨者, 以河鰻一條, 洗去滑涎, 斬寸爲段, 入磁罐中, 用酒水煨爛; 下秋油起鍋, 加冬醃新芥菜作湯, 重用蔥, 薑之類以杀其腥. 常熟顧比部家, 用緯粉, 山藥乾煨, 亦妙. 或加作料, 直置盤中蒸之, 不用水. 家致華分司蒸鰻最佳. 秋油, 酒四六兌, 務使湯浮于本身. 起籠時, 尤要恰好, 遲則皮皺味失.

붉게 조린 장어
紅煨鰻

장어에 술과 물을 넣어 무르게 끓인다. 간장 대신 첨장을 넣고 물이 졸아들게 끓인다. 회향回香, 대료大料를 넣고 건진다. 세 가지를 주의해야 한다. 먼저 껍질이 쭈글거리면 바삭하지가 않다. 두 번째는 그릇에 장어 살이 부스러져 있으면 젓가락으로 집을 수 없다. 세 번째는 일찍 짠맛이 나는 두시를 넣으면 입에 넣었을 때 부드럽지 않다. 양주 주 분사집에서 만든 것이 가장 정교하다. 대개 간장을 넣어 붉게 조릴 때는 국물이 없게 조리는 것紅煨이 귀한 것이다. 양념 맛滷味이 장어 살에 배이게 한다.

鰻魚用酒, 水煨爛, 加甜醬代秋油, 入鍋收湯煨乾, 加回香, 大料起鍋. 有三病宜戒者: 一皮有皺紋, 皮便不酥; 一肉散碗中, 箸夾不起; 一早下鹽豉, 入口不化. 揚州朱分司家, 製之最精. 大抵紅煨者 以乾爲貴, 使滷味收入鰻肉中.

장어 튀김
炸鰻

장어를 큰 것을 택하여 머리와 꼬리를 잘라 버리고 1촌(3cm) 두께로 자른다. 먼저 참기름에 튀겨 익혀 건진다. 신선한 쑥갓蒿菜의 연하고 뾰족한 순을 솥에 넣는다. 원유에 볶아서 익힌다. 그 위에 장어를 평편하게 담는다. 양념을 넣어 향이 1개 탈 정도의 시간 동안 끓인다. 쑥갓의 양은 장어 양의 절반이면 된다.

> 择鰻鱼大者, 去首尾, 寸断之. 先用麻油炸熟, 取起; 另将鲜蒿菜嫩尖入锅中, 仍用原油炒透, 即以鰻鱼平铺菜上, 加作料, 煨一炷香. 蒿菜分量, 鱼减半.

자라볶음
生炒甲鱼

자라甲鱼의 뼈를 제거하고 참기름에 튀기듯 볶고, 간장 1잔을 더한 다음 닭 육수 1잔을 넣는다. 이것이 진정 위태수의 집에서 만드는 방법이다.

> 将甲鱼去骨, 用麻油炮炒之, 加秋油一杯, 雞汁一杯. 此真定魏太守家法也.

간장 장어볶음
醬炒甲鱼

자라를 끓여 반쯤 익힌 다음 뼈를 제거한다. 기름에 넣어 튀기 듯 볶는다. 양념장, 파, 산초를 넣어 끓여 농한 탕이 되면 건진다. 이것은 항주의 방법이다.

將甲魚煮半熟, 去骨, 起油鍋炮炒, 加醬水, 蔥, 椒, 收湯成滷, 然後起鍋.
此杭州法也.

뼈 있는 자라 요리
带骨甲鱼

반 근짜리 자라를 4등분한다. 2량(75g)의 기름을 넣고 양쪽을 모두 지진다. 물을 더하고, 간장과 술을 넣은 다음 먼저 센 불로 끓이고 약한 불로 바꾼다. 80% 정도 익었을 때 마늘을 넣고 건진다. 파, 생강, 설탕을 넣는다. 자라는 작은 게 좋고 큰 것은 적합하지 않다. 속칭 동자각어童子脚鱼라고도 하는데 매우 연하다.

要一个半斤重者, 斩四块, 加脂油二两, 起油锅煎两面黄, 加水, 秋油, 酒煨; 先武火, 後文火, 至八分熟加蒜, 起锅用葱, 薑, 糖. 甲鱼宜小不宜大, 俗號"童子脚鱼"才嫩.

소금으로 맛을 낸 장어
青盐甲鱼

자라를 4등분하여 기름에 튀겨 익힌다. 자라 1근당, 술 4량(150g), 대회향 3전(11.25g), 소금 1전 반(5.55g)을 끓여서 국물이 반으로 줄어들면 좋다. 기름 2량(75g)을 넣고 자라를 작은 콩알만 하게 썰어 다시 끓인다. 마늘, 죽순을 넣고 끓인다. 꺼낼 때 파, 산초, 혹은 간장을 넣고 소금은 넣지 않는다. 이는 소주지역의 당정함唐静涵 집의 요리법이다. 자라는 큰 것은 질기고 작은 것은 비린내가 난다. 구입할 때는 반드시 중간 것을 선택한다.

斩四块, 起油锅炮透, 每甲鱼一斤, 用酒四两, 大回香三钱, 盐一钱半. 煨至半好, 下脂油二两, 切小豆块, 再煨. 加蒜头, 笋尖, 起时用葱, 椒, 或用秋油, 则不用盐. 此苏州唐静涵家法. 甲鱼大则老, 小则腥, 须买其中样者.

자라조림
汤煨甲鱼

자라를 물에 넣어 끓인다. 뼈를 제거하고 잘게 썬다. 닭 육수, 간장과 술을 넣어 끓인다. 두 그릇이던 탕이 한 그릇으로 줄어들면 건진다. 파, 산초, 생강 다진 것을 뿌린다. 오죽기의 집에서 만든 것이 가장 맛있다. 콩가루를 조금 사용하면 탕에서 윤이 난다.

将甲鱼白煮, 去骨拆碎, 用雞汤, 秋油, 酒煨汤二碗, 收至一碗, 起锅, 用葱, 椒, 薑末糁之. 吴竹屿家製之最佳. 微用縴, 才得汤膩.

전각갑어
全壳甲鱼[1]

산동성에 있는 양삼장의 집에서 만든 자라는 머리와 꼬리를 잘라 버리고 살과 껍질 가장자리 부분의 치맛살만 선택한다. 양념을 넣어 끓인다. 자라의 원래 모양대로 뚜껑을 덮는다. 손님 한 명당 자라 한 마리씩을 작은 접시에 담아드린다. 보기에도 두렵고 움직일까봐 걱정스럽기도 하다. 애석

---

1 전각갑어全壳甲鱼: 자라를 토막 쳐서 요리하여 접시에 담고 맨 위에 자라의 껍질을 요리 위에 올려서 자라의 원래 모양을 볼 수 있도록 한 조리방법이다.

하게도 이 방법은 전하지 않는다.

山東楊參將家, 製甲魚去首尾, 取肉及裙, 加作料煨好, 仍以原壳覆之. 每宴客, 一客之前以小盘献一甲鱼. 见者悚然, 犹虑其动. 惜未传其法.

드렁허리탕
鱔丝羹

드렁허리는 삶아서 반쯤 익힌다. 뼈를 제거하고 채 썬다. 술과 간장을 넣고 끓인다. 콩가루를 약간 넣는다. 금침채眞金菜, 동과冬瓜, 대파長葱를 넣어 탕을 끓인다. 남경의 요리사들이 일이 있을 때마다 드렁허리를 탄불에 굽는데 이해가 안 된다.

鱔魚煮半熟, 劃丝去骨, 加酒, 秋油煨之, 微用縴粉, 用眞金菜, 冬瓜, 长葱为羹. 南京厨者■■■[2]为炭, 殊不可解.

드렁허리볶음
炒鱔

드렁허리를 잡아 채 썰어 노릇노릇하게 살짝 볶는다. 돼지고기와 닭고기 모두 볶는 방법은 동일하다. 물을 사용해서는 안 된다.

拆鱔丝炒之, 略焦, 如炒肉雞之法, 不可用水.

---

2 인쇄가 번저 알아볼 수 없는 글자

드렁허리조림
段鳝

드렁허리를 1촌(3.3cm) 길이로 토막 낸 다음 장어조림법과 같은 방법으로 조린다. 혹은 먼저 기름에 굽고 다시 동과, 신선한 죽순, 표고버섯을 부재료로 넣는다. 양념장을 조금 넣고 생강즙을 많이 넣는다.

切鳝以寸为段, 照煨鳗法煨之, 或先用油炙, 使坚, 再以冬瓜, 鲜笋, 香蕈作配, 微用酱水, 重用薑汁.

새우완자
虾

새우완자는 생선완자를 만드는 법을 참조한다. 닭 육수를 넣어 끓여도 좋고, 마르게 볶아도 좋다. 대부분 새우를 두드릴 때 너무 곱게 두드리면 새우의 원래 맛을 잃어버릴까 봐 겁난다. 생선완자도 그러하다. 혹은 새우 껍질을 까서 김과 무쳐도 좋다.

虾元照鱼元法. 雞汤煨之, 乾炒亦可. 大概捶虾时, 不宜过细, 恐失真味. 鱼元亦然. 或意剥虾肉, 以紫菜拌之, 亦佳.

새우지짐
虾饼

새우를 두드려 부드럽게 한 다음 완자로 만들어 지진다. 즉 하병이다.

以虾捶烂, 团而煎之, 即为虾饼.

술 취한 새우
醉虾

새우를 껍질째 술에 담가 익혀 분홍색이 나면 건져서 간장과 쌀로 만든 식초를 넣고 뭉근한 불에 익혔다가 그릇에 담고 뚜껑을 덮어서 아주 약한 불에 올려 둔 뒤 먹을 때 접시에 옮겨 담는다. 껍질이 바삭바삭하다.

带壳用酒炙黄捞起, 加清酱, 米醋熨之, 用碗闷之. 临食放盘中, 其壳俱酥.

새우볶음
炒虾

새우볶음은 생선 볶는 법대로 볶는다. 부추를 부재료로 사용할 수 있다. 혹은 겨울에 절인 개채를 사용하면 부추를 사용하지 않아도 된다. 꼬리만 두드려 납작하게 해서 볶으니 다른 새로운 요리 같다.

炒虾照炒鱼法, 可用韭配. 或加冬醃芥菜, 则不可用韭矣. 有捶扁其尾单炒者, 亦觉新異.

게
蟹

게만 단독으로 사용하는 것이 좋다. 기타 다른 재료를 넣는 것은 부적

게 먹는 모습

합하다. 제일 좋은 것은 연한 소금물에 삶아서 스스로 껍질을 벗겨 먹으면 묘하다. 찌는 조리법이 비록 제일이기는 하지만 간이 싱겁다.

> 蟹宜独食, 不宜搭配他物, 最好以淡盐汤煮熟, 自剥自食为妙. 蒸者味虽全, 而失之太淡.

게살탕
蟹羹

게는 껍질을 벗겨 탕을 끓인다. 즉 원탕에 뭉근하게 끓인다. 닭 육수를 더할 필요가 없다. 게탕만 사용하는 것이 묘하다. 일반 요리사들은 오리 혀, 혹은 상어지느러미, 혹은 해삼을 더하는데 이 재료들은 게 맛을 빼앗고 비린내가 나기 때문에 가장 볼품없는 요리가 된다.

> 剥蟹为羹, 即用原汤煨之, 不加雞汁, 独用为妙. 见俗厨从中加鸭舌, 或鱼翅, 或海参者, 徒夺其味, 而惹其腥, 恶劣極矣!

게살볶음
炒蟹粉

게는 껍질을 벗기자마자 볶는 것이 제일 좋다. 4시간兩個时辰[3]이 지나면 살도 마르고 맛도 없다.

> 以现剥现炒之蟹为佳. 过两個时辰, 则肉乾而味失.

껍질 벗긴 게찜
剥壳蒸蟹

게는 껍질을 벗기고 살과 알黃을 취하여 껍질에 담는다. 게살과 게알 5~6개를 생달걀 위에 얹어 찐다. 상에 올릴 때는 완전한 게 한 마리이다. 오로지 게 다리 끝만 잘라낸다. 부스러진 게살볶음炒蟹粉에 비하면 새로운 느낌이 든다. 양란파 명부에서 호박 속살과 게를 무치기도 한다. 매우 기이하다.

> 将蟹剥壳, 取肉, 取黄, 仍置壳中, 放五六隻在生雞蛋上蒸之. 上桌时完然一蟹, 惟去爪脚. 比炒蟹粉觉有新色. 杨兰坡明府, 以南瓜肉拌蟹, 颇奇.

---

3 시진时辰: 과거의 시간을 계산하는 단위이다. 1개 시진은 하루의 1/12로 2시간 정도이다.

참조개

蛤蜊

참조개의 껍질을 까고 연한 살을 취한 다음 부추를 더하여 볶으면 좋다. 혹은 탕으로 끓여도 좋다. 불에서 늦게 꺼내면 마른다.

剝蛤蜊肉, 加韭菜炒之佳. 或为汤亦可. 起迟便枯.

새꼬막

蚶

새꼬막을 먹는 방법은 세 가지이다. 끓는 물을 뿌려 반쯤 익혀서 껍질을 제거하고 술과 간장에 취하게 하는 방법, 혹은 닭 육수에 끓여서 껍질을 까고 탕에 넣는 방법, 껍질을 까서 수프로 끓이는 방법이다. 단지 빨리 꺼내는 것이 좋은데, 늦게 꺼내면 살이 마르기 때문이다. 새꼬막은 봉화현奉化縣에서 난다. 품질은 차오조개와 참조개보다 위다.

蚶有三喫法. 用热水喷之, 半熟去蓋, 加酒, 秋油醉之; 或用雞汤滚熟, 去蓋入湯; 或全去其蓋, 作羹亦可. 但宜速起, 迟则肉枯. 蚶出奉化县, 品在蟶螯, 蛤蜊之上.

차오조개

蟶螯

삼겹살五花肉을 얇게 썬 다음 양념을 넣고 뚜껑을 덮고 익힌다. 차오조개를 깨끗이 씻어서 참기름에 볶는다. 이에 고기를 편 썰어 국물과 함께 조리한다. 간장을 조금 많이 넣어야 맛이 있다. 두부를 넣어도 좋다. 차오는 양주로부터 싣고 려회慮懷까지 와서 껍질 속에 있던 조갯살을 돼지기름에 담아두었다가 멀리 갈 때 가지고 갈 수도 있고 햇볕에 말려서 써도 좋다. 닭고기 육수를 사용하면 말린 맛살보다 더 맛있다. 차오를 홍두깨 등으로 두드려서捶烂 새우완자처럼 만들어 지져서 먹는다. 먹을 때 양념을 찍어 먹으면 더 맛있다.

先将五花肉切片, 用作料闷烂. 将蜉蝥洗净, 蘇油炒, 仍将肉片连滷烹之. 秋油要重些, 方得有味. 加豆腐亦可. 蜉蝥从扬州来, 虑懷则取壳中肉, 置猪油中, 可以远行. 有晒为乾者, 亦佳. 入雞汤烹之, 味在蟶乾之上. 捶烂蜉蝥作饼, 如虾饼样, 煎喫加作料亦佳.

정택궁 집의 말린 맛살
程泽弓蟶乾

정택궁程泽弓 상인의 집에서 만든 말린 맛살蟶乾을 찬물에 하루 담근다. 끓는 물에 이틀간 삶는다. 탕을 다섯 번 따라 버린다. 말린 것 1촌(3.3cm)짜리를 불리면 2촌(약 7cm)이 된다. 신선한 긴 맛살과 마찬가지로 닭 육수에 넣어 끓인다. 양주 사람으로부터 배우긴 배웠지만 완전히 익히지는 못했다.

程泽弓商人家製蟶乾, 用冷水泡一日, 滚水煮两日, 撤汤五次. 一寸之乾, 发开有二寸. 如鲜蟶一般, 才入雞汤煨之. 扬州人学之, 俱不能及.

신선한 맛살
鮮蟶

맛살 요리하는 법은 조개 볶는 법과 동일하다. 맛살만 볶아도 좋다. 하춘소何春巢 집의 긴 맛살탕 두부가 묘하다. 마침내 절묘한 요리가 되었다.

烹蟶法與蟳螯同. 単炒亦可. 何春巢家蟶汤豆腐之妙, 竟成绝品.

개구리
水雞

개구리의 몸통은 제거하고 다리만 쓴다. 먼저 기름에 튀긴다. 간장과 술지게미를 더하고 과강을 넣고 건진다. 혹은 개구리 살을 썰어 볶는다. 맛은 닭고기와 유사하다.

水雞去身用腿. 先用油灼之, 加秋油, 甜酒, 瓜薑起锅. 或拆肉炒之, 味與雞相似.

훈단
熏蛋

달걀에 양념을 더하여 끓인 후 약한 불에 훈제한다熏乾. 얇게 썰어 접시에 담는다. 반찬佐膳으로 먹어도 좋다.

將雞蛋加作料煨好, 微微熏乾, 切片放盘中, 可以佐膳.

찻잎 달걀조림
茶葉蛋

달걀雞蛋 100개, 소금 1량(37.5g), 굵은 찻잎粗茶葉을 넣어 삶는다. 향을 두 개 피울 정도의 시간 동안 끓인다. 달걀 50개, 소금은 단지 5전(18.75g)만 사용한다. 이 비율로 사용하는 소금의 양을 가감한다. 점심点心으로 이용할 수 있다.

雞蛋百個, 用盐一两, 粗茶葉煮两枝线香为度. 如蛋五十個, 只用五钱盐, 照数加减. 可作點心.

채소류
【 杂素菜单 】

옷에 안과 밖이 있는 것처럼 요리에는 육류와 채소가 있다. 부귀한 사람은 채소를 좋아한다. 고기보다 더 좋아한다. 따라서 소채단을 짓는다.

菜有荤素, 犹衣有表里也. 富贵之人嗜素, 甚于嗜荤. 作素菜单.

152

장시랑 두부
蒋侍郎豆腐

두부의 위아래 모두 단단한 부분을 벗겨낸다. 한 모를 16등분하여 햇볕에 말린다亮乾. 돼지기름을 끓여 맑은 연기가 올라오면 두부를 넣는다. 술과 소금을 한 움큼 뿌린 다음 두부를 뒤집는다. 좋은 술지게미 찻잔으로 1잔, 큰 마른 새우大虾米 120개를 넣는다. 만약 마른 새우가 큰 것이 없으면 작은 새우小虾米로 300개를 넣는다. 마른 새우는 먼저 2시간을 불린 후에 사용한다. 간장을 작은 잔으로 1잔 붓고 다시 한 번 끓인다. 설탕을 한 주먹 넣고 다시 끓인다. 실파細葱를 2cm 정도의 길이로 썰어 120가닥을 넣고 천천히 건진다.

豆腐两面去皮, 每块切成十六片, 亮乾, 用猪油熬, 清烟起才下豆腐, 略酒盐花一撮, 翻身後, 用好甜酒一茶杯, 大虾米一百二十个; 如無大虾米, 用小

虾米三百个; 先将虾米滚泡一个时辰, 秋油一小杯, 再滚一回, 加糖一撮, 再
滚一回, 用细葱半寸许长, 一百二十段, 缓缓起锅.

양중승 두부
杨中丞豆腐

연한 두부를 끓여서 두부의 날내를 없애고 닭 육수를 넣는다. 전복 몇
조각 넣어서 끓이고 조유糟油[1], 버섯을 넣고 꺼낸다. 닭 육수가 반드시 진해
야 한다. 전복은 얇게 썰어야 한다.

用嫩腐, 煮去豆氣, 入雞汤, 同鰒鱼片滚数刻, 加糟油, 香蕈起锅. 雞汁须
浓, 鱼片要薄.

장개 두부
张恺豆腐

마른 새우虾米를 다져서 두부에 넣는다. 팬에 기름을 넣고 양념을 넣고
마르게 볶는다乾炒.

将虾米捣碎, 入豆腐中, 起油锅, 加作料乾炒.

---

1 조유糟油: 오향조유五香糟油라고도 한다. 미첨주米甛酒에 정향丁香, 관계官桂, 옥죽玉竹, 백지白芷 등 20여
종의 향료를 넣고 1년 동안 놓아둔 것으로, 오래될수록 향이 진하다.

경원 두부
庆元豆腐

두시豆豉를 찻잔으로 1잔 정도의 물에 담가 불린다. 두부와 함께 볶아 건진다.

醬豆豉一茶杯, 水泡烂, 入豆腐同炒起锅.

부용 두부
芙蓉豆腐

순두부腐脑를 우물물井水에 담근 후 세 번 물을 갈아주어 두부 냄새를 없애고 탕에 넣어 끓인다. 꺼낼 때 김과 새우살을 넣는다.

用腐脑, 放井水泡三次, 去豆氣, 入雞汤中滚, 起锅时加紫菜, 虾肉.

154

왕태수 팔보두부
王太守八宝豆腐

연하게 얇게 썰어진 두부를 다져 표고버섯 다진 것, 느타리버섯 다진 것, 잣 다진 것, 해바라기씨 다진 것, 닭고기 다진 것, 화퇴와 함께 진한 닭 육수에 넣고 볶듯이 끓인다. 순두부를 넣어도 좋다. 국자를 사용하고 젓가 락은 사용하지 않는다. 맹정 태수가 이르기를 이 방법은 성조圣祖께서 서건 암 상서에게 하사한 방법이다. 상서尚书가 이 방법을 취할 때 황제의 어선을 담당하는 곳御膳房에 1천 냥을 지불하였다. 태수의 조부이신 루촌 선생이 상 서의 문생이므로 얻게 된 것이었다.

用嫩片切粉碎, 加香蕈屑, 蘑菇屑, 松子仁屑, 瓜子仁屑, 雞屑, 火腿屑, 同入浓雞汁中, 炒滚起锅. 用腐脑亦可. 用瓢不用箸. 孟亭太守云此: "聖祖賜徐健庵尚书方也. 尚书取方时, 御膳房费一千两." 太守之祖楼村先生, 爲尚书门生, 故得之.

정립만 두부
程立万豆腐

건륭 23년 김수문과 양주의 정립만程立万 집에서 지진 두부를 먹었다. 정교한 맛이 절색이라 그 맛이 비할 데가 없었다. 두부의 위아래를 노릇노릇하게 지졌는데 양념은 전혀 없었으나 차오조개 맛이 약간 났다. 그러나 접시에는 오히려 차오조개나 차오조개와 관련이 있는 어떤 재료도 없었다. 다음날 필자가 이 요리의 맛에 대해서 사선문에게 말했더니 "내가 그 요리를 만들 수 있으니 내가 특별히 초대를 하겠다."고 하였다.

얼마 지나지 않아 항동포抗董莆와 함께 사 씨의 집에 가서 밥을 먹었다. 젓가락을 들기 기다렸다가 박장대소 하게 되었는데 "원래 이 요리는 닭이나 까치雞雀脑의 뇌로 만든 것이지 절대로 진짜 두부가 아니다."라고 하였다. 느끼해서 참기가 어려웠다. 값은 정립만 두부의 10배나 비쌌지만 맛은 정립만 두부에 미치지 못했다. 애석하게도 그때 필자는 누이의 상중이어서 급히 돌아와야 했기 때문에 정립만의 요리법을 구하지 못하였다. 그가 1년 후 세상을 뜨니 지금까지 후회가 된다. 아직도 그 이름이 존재하니 기다렸다가 방문하기로 한다.

乾隆廿三年, 同金寿门在扬州程立万家食煎豆腐, 精絶無雙. 其腐两面黄乾, 無丝毫滷汁, 微有蚜螯鲜味. 然盘中並無蚜螯及他杂物也. 次日告查宣

동두부
冻豆腐[2]

두부를 하룻밤 얼린 다음 네모나게 썬다. 끓여서 콩의 날내를 없앤다. 닭고기즙, 화퇴즙과 육즙을 넣어 끓인다. 상에 올릴 때 닭, 화퇴 등을 건져 내고 표고버섯과 죽순은 남겨 놓는다. 두부를 오랫동안 끓이면 축 처지고 벌집蜂窝 모양이 생겨서 얼린 두부 같다. 따라서 두부를 볶으려면 연한 두부를 사용해야 하고, 끓이려면 단단한 두부를 사용해야 한다. 가치화家致华 분사는 버섯과 두부를 함께 끓였다. 비록 여름이었지만 얼린 두부법대로 하니 아주 맛있었다. 절대로 육수는 넣으면 안 된다. 깨끗한 맛을 잃게 된다.

将豆腐冻一夜, 切方块, 滚去豆味, 加雞汤汁, 火腿汁, 肉汁煨之. 上桌时, 撒去雞, 火腿之类, 单留香蕈, 冬笋. 豆腐煨久则鬆面, 而起蜂窝, 如冻腐次. 故炒腐宜嫩, 煨者宜老. 家致华分司, 用蘑菇煮豆腐, 虽夏月亦照冻腐之法, 甚佳. 切不可加荤汤, 致失清味.

---

2 동두부冻豆腐: 두부를 냉동시키면 두부에 크고 작은 구멍이 생겨서 그 곳에 양념도 잘 배이고 씹을 때 질감이 좋다.

새우장 두부볶음
虾油豆腐

간장 대신 오래된 새우장虾油을 사용한다. 두부를 볶을 때는 반드시 양면을 모두 노릇노릇하게 지진다. 솥에 기름이 뜨거워지면 돼지기름猪油을 넣고 파, 산초를 넣는다.

取陈虾油, 代清酱炒豆腐. 须两面煤黄. 油锅要热, 用猪油, 葱, 椒.

쑥갓 튀김
蓬蒿菜

쑥갓의 뾰족한 부분을 취하여 기름을 넣고 튀긴 다음 닭 육수를 넣고 끓인다. 꺼낼 때 송이버섯松菌 100개를 넣는다.

取蒿尖, 用油灼瘪, 放雞汤中滚之, 起时加松菌百枚

고사리
蕨菜

고사리는 다듬을 때 버리는 것이 많다고 애석해 할 필요가 없다. 반드시 그 가지와 잎은 모두 떼어내고 곧은 뿌리만 사용해야 한다. 깨끗이 씻어 물러질 때까지 삶는다. 다시 닭고기 육수를 이용하여 끓인다. 반드시 관동關東[3]지역의 통통한 것을 구입한다.

---

3 관동關東: 함곡관 동쪽의 땅

用蕨菜, 不可爱惜, 须尽去其枝葉, 单取直根, 洗净煨烂, 再用雞肉汤煨. 必
买關東者才肥.

갈선미
葛仙米

쌀을 세심하게 골라 씻어 끓여 반쯤 무르게 끓인 다음 닭 육수와 화퇴
탕을 붓고 뭉근하게 끓인다. 상에 올릴 때 단지 쌀만 보이고 닭고기는 보이
지 않는다. 화퇴를 넣어야 좋다. 이 요리는 도방백의 집에서 만든 것이 제일
정교하다.

将米细捡淘净, 煮半烂, 用雞汤, 火腿汤煨. 临上时, 要只见米, 不见雞肉,
火腿搀和才佳. 此物陶方伯家, 製之最精.

양두채
羊肚菜

양두채는 호북성 요리이다. 먹는 법은 갈선미와 같다.

羊肚菜出湖北, 食法與葛仙米同.

석발
石髮[4]

만드는 방법은 갈선미와 동일하다. 여름에 참기름, 식초, 간장으로 무치면 좋다.

製法與葛仙米同. 夏日用麻油, 醋, 秋油拌之亦佳.

진주채
珍珠菜

만드는 방법은 고사리와 같다. 상강 신안지역에서 나온다.

製法與蕨菜同. 上江新安所出.

채소로 만든 거위구이
素烧鹅[5]

산약山藥을 물러질 때까지 삶는다. 1촌(약 3cm) 길이로 자른다. 두부피 腐皮에 싸서 기름에 넣어 지진다. 간장, 술, 설탕, 과강을 넣고 홍색이 나면 좋다.

---

4 석발石髮: 동남해안의 바위에서 자라며 싹이 나올 때 가지가 없고 버드나무잎 모양과 유사하다. 《본초 강목本草綱目》

5 소소아素烧鹅: 산약을 두부피에 싸서 기름에 지졌더니 요리 모양이 거위를 튀긴 것과 흡사하다 하여 채소素로 만든 거위구이烧鹅라고 칭하였다.

煮烂山药, 切寸为段, 腐皮包, 入油煎之; 加秋油, 酒, 糖, 瓜姜, 以色红为度.

부추
韭

부추는 향이 있는 채소이다. 부추의 흰 부분만 취하여 마른 새우와 볶으면 더욱 좋다. 혹은 신선한 새우鲜蝦와 볶아도 좋고, 자라와 볶아도 좋고, 돼지고기와 볶아도 좋다.

韭, 荤物也, 专取韭白, 加虾米炒之便佳. 或用鲜蝦亦可, 鳖亦可, 肉亦可.

미나리
芹

미나리는 채소이다. 통통하면 통통할수록 좋다. 흰 뿌리를 택하여 볶는다. 죽순을 넣고 죽순이 익을 정도만 볶는다. 지금 사람들은 고기와 볶는데 맑고 탁한 것이 구분되지 않아 이것도 저것도 아니다. 덜 익히면 아삭아삭 하기는 하지만 맛이 없다. 혹은 익히지 않고 생 미나리와 꿩을 함께 무치기도 하는데 요리 같지 않다.

芹, 素物也, 愈肥愈妙. 取白根炒之, 加笋, 以熟为度. 今人有以炒肉者, 清浊不伦. 不熟者, 虽脆無味. 或生拌野雞, 又當別论.

콩나물
豆芽

콩나물은 연하고 아삭거려서 필자는 매우 좋아한다. 볶을 때는 반드시 잘 익어야 양념이 융합된다. 제비집을 배합할 수도 있다. 연한 재료에는 연한 것을 흰색에는 흰 재료를 배합하는 까닭이다. 그러나 싼 재료에 아주 귀한 재료를 배합하니 많은 사람들이 비웃는다. 이는 소부巢父[6]와 허유許由[7]만이 요순堯舜임금과 잘 어울린다는 것을 모르고 하는 소리이다.

豆芽柔脆, 余颇爱之. 炒须熟烂, 作料之味, 才能融洽. 可配燕窝, 以柔配柔, 以白配白故也. 然以極贱而陪極贵, 人多嗤之. 不知惟巢, 由正可陪尧, 舜耳.

승검초
茭

승검초茭의 흰 부분은 돼지고기와 볶아도 좋고 닭고기와 볶아도 좋다. 일정한 간격으로 잘라서 간장, 식초를 발라 구워도 더욱 아름답다. 돼지고기와 끓여도 좋다. 반드시 1촌(약 3.3cm) 두께로 얇게 썰어야 한다. 처음에 나온 싹은 얇고 가늘어서 맛이 없다.

茭白炒肉, 炒雞俱可. 切整段, 酱, 醋炙之尤佳. 煨肉亦佳, 须切片, 以寸为度. 初出太细者無味.

---

6 소부巢父: 요임금 때의 선비
7 허유許由: 요임금 때의 선비

청채
青菜

청채는 연한 것을 선택하여 죽순과 볶는다. 여름에 겨자芥末와 무칠 때 식초를 약간 더하면 위를 열어주는醒胃 역할을 한다. 화퇴를 얇게 썰어 넣고 탕을 끓일 수 있다. 또 반드시 먼저 나온 새싹现拔者이 부드럽다.

> 青菜择嫩者, 笋炒之. 夏日芥末拌, 加微醋, 可以醒胃. 加火腿片, 可以作汤.
> 亦须现拔者才软.

대채
台菜

대채를 볶을 때는 가장 연한 것이 좋다. 겉껍질을 벗겨서 버섯과 새로 돋아 나오는 죽순을 넣어 탕을 끓인다. 볶아 먹을 때는 새우살을 더하여 볶아도 좋다.

> 炒台菜心最懦, 剥去外皮, 入蘑菇, 新笋作汤. 炒食加虾肉亦佳.

배추
白菜

배추는 볶아 먹는다. 혹은 죽순과 끓여도 좋다. 화퇴를 얇게 썰어 넣고 끓인다. 닭 육수를 넣고 끓여도 좋다.

> 白菜炒食. 或笋煨亦可. 火腿片煨, 雞汤煨俱可.

황아채
黃芽菜[8]

황아채는 북방에서 온 것이 가장 아름답다. 혹은 식초를 넣거나 혹은 마른 새우를 더하여 뭉근하게 끓인다. 익자마자 먹어야 한다. 시간이 지나면 색과 맛이 변한다.

此菜以北方来者为佳, 或用醋搂, 或加虾米煨之. 一熟便喫, 迟则色味俱变.

표아채
瓢兒菜

표채의 심瓢菜心을 볶는다. 신선한 것을 말린 것으로 수분이 없는 것이 귀하다. 눈에 담아 꼭꼭 눌러두면 더욱 부드럽다. 왕맹정王孟亭태수의 집에서 만든 것이 가장 정교하다. 다른 부재료를 넣지 않는다. 동물성 기름葷油을 사용하는 것이 적합하다.

炒瓢菜心, 以乾鮮無汤为贵, 雪压後更软. 王孟亭太守家, 製之最精. 不加別物, 宜用葷油.

시금치
波菜

시금치는 통통하고 연한 것을 골라 양념장을 더해 두부와 끓인다. 항주에서는 금양백옥판金鑲白玉板이라고 한다. 이러한 종류의 채소는 비록 얇아

---

8 황아채黃芽菜: 배추

도 통통하기 때문에 죽순이나 표고버섯 등의 부재료를 더할 필요가 없다.

> 波菜肥嫩, 加醬水, 豆腐煮之. 杭人名"金鑲白玉板"是也. 如此種菜, 雖瘦而肥, 可不必再加笋尖, 香蕈.

표고버섯
蘑菇

표고버섯은 탕을 끓이는 것뿐만 아니라 볶아 먹어도 좋다. 단, 표고버섯은 모래가 들어 있기 쉽고, 더욱더 곰팡이가 쉽게 피기 때문에 반드시 보관법에 따라서 보관하는 것이 좋다. 닭다리버섯雞腿蘑은 다듬기도 쉽고 만들기도 쉽다. 두 가지 모두 좋다.

> 蘑菇不止作湯, 炒食亦佳. 但口蘑最易藏沙, 更易受霉, 須藏之得法, 製之得宜. 雞腿蘑便易收拾, 亦復討好.

송이버섯
松菌

송이버섯에 표고버섯을 더하여 볶으면 제일 좋다. 혹은 간장에만 담갔다 먹어도 묘하지만 오래 두고 먹기에는 부적합하다. 어떤 재료와 함께 요리해도 잘 어울린다. 제비집 요리의 밑에 깔 수도 있다. 아주 연하다.

> 松菌加口蘑炒最佳. 或單用秋油泡食, 亦妙; 惟不便久留耳. 置各菜中, 俱能助鮮. 可入燕窩作底墊, 以其嫩也.

밀단백 요리법 두 가지
麪筋[9]二法

한 가지 방법은 밀단백麪筋을 기름 솥에 넣고 수분이 마를 때까지 구운 다음 다시 닭 육수와 표고버섯을 넣고 맑게 끓인다. 또 다른 방법은 굽지 않고, 물에 담갔다가 새끼손가락만 하게 썰어 진한 닭 육수에 넣어 볶는다. 죽순, 천화를 넣고 볶는다. 장회수章准樹 관찰가에서 만드는 방법이 가장 정교하다. 접시에 담을 때 손으로 뜯는 것毛撕이 적합하고 칼로 썰지 않는다. 마른 새우 불린 물을 넣는다. 춘장甛酱에 볶아도 아주 좋다.

> 一法麪筋入油锅炙枯, 再用雞汤, 蘑菇清煨. 一法不炙, 用水泡, 切条入浓雞汁炒之, 加冬笋, 天花. 章准树观察家, 製之最精. 上盘时宜毛撕, 不宜光切. 加虾米泡汁, 甜酱炒之, 甚佳.

가지 요리법 두 가지
茄二法

오소곡吴小谷 광문가에서는 가지茄子 한 개를 통째로 껍질을 벗기고 끓는 물에 담가 쓴맛을 제거한 다음 돼지기름에 굽는다. 구울 때는 가지에 있는 물기가 모두 마르고 나면 굽는다. 단맛이 나는 양념장을 넣고 졸여도 아주 좋다.

로팔태야가에서는 가지를 작은 덩어리로 자르고 껍질은 벗기지 않고 기름에 넣어 약간 노란 색이 나게 튀겨서 간장을 넣고 볶았는데 더욱더 맛이 있었다. 이 두 가지 방법을 배우려 했으나 그 묘한 맛을 배우지는 못하

---

9 면근麪筋: 밀가루 안에 있는 특수한 혼합단백질이다. 만드는 방법은 밀가루를 반죽한 다음 반복적으로 반죽을 씻어내어 전분질을 없애고 나머지 글루텐만 가지고 만든 것으로 요리 재료에 사용한다.

였다. 다만 푹 찐 다음 반을 갈라서 참기름과 쌀로 만든 식초와 무쳐서 여름에 먹으면 더욱 좋다. 혹은 삶은 다음 말려서 포를 만들어 접시에 담아 내기도 한다.

吳小谷廣文家, 將整茄子削皮, 滾水泡去苦汁, 猪油炙之. 炙时须待泡水乾後, 用甜酱水煨, 甚佳. 卢八太爷家, 切茄作小块, 不去皮, 入油灼微黄, 加秋油炮炒, 亦佳. 是二法者, 俱学之而未尽其妙, 惟蒸烂劃开, 用麻油, 米醋拌, 则夏间亦颇可食. 或煨乾作脯, 置盘中.

비름탕
莧羹

비름은 반드시 가늘고 연한 것을 따서 뾰족한 부분을 국물 없이 마르게 볶는다乾炒. 마른 새우를 더하고, 혹은 껍질을 깐 새우를 더하면 더욱 더 좋다. 국물이 보이면 안 된다.

莧须细摘嫩尖, 乾炒, 加虾米或虾仁, 更佳. 不可见汤

토란탕
芋羹

토란은 성질이 부드럽고 매끄러워서 육류와 함께 요리해도 좋고 채소와 함께 요리해도 좋다. 혹은 잘게 썰어 오리 탕鸭羹에 넣기도 하고 고기와 함께 끓이기도 한다. 또는 두부에 양념장을 더하여 끓인다. 서조황徐兆璜명부가에서 먹어봤는데 어린 토란을 골라 연한 닭 육수에 넣어서 끓였다. 맛이 묘한 것이 극에 달하였다. 애석하게도 이 방법은 전하지 않는다. 대부분

단지 양념만 넣고 물은 넣지 않는다.

> 芋性柔膩, 入葷入素俱可. 或切碎作鴨羹, 或煨肉, 或同豆腐加醬水煨. 徐兆璜明府家, 选小芋子, 入嫩雞煨汤, 妙極! 惜其製法未传. 大紙只用作料, 不用水.

두부피
豆腐皮

두부피를 불려서 연하게 한 다음 간장, 식초, 마른 새우와 무친다. 여름에 적합하다. 장시랑의 집에서 해삼을 넣고 요리했는데 매우 묘하다. 김을 더하기도 한다. 새우살에 탕을 끓여도 서로 어울린다. 혹은 표고버섯과 죽순을 넣어 맑은탕을 끓여도 좋은데 푹 끓인다. 무호의 경수 스님은 두부피腐皮를 통처럼 말아 잘라서 기름에 살짝 굽는다. 표고버섯을 넣고 푹 끓여도 좋으나 닭 육수를 더하면 안 된다.

> 將腐皮泡软, 加秋油, 醋, 虾米拌之, 宜于夏日. 蒋侍郎家入海参用, 颇妙. 加紫菜, 虾肉作汤, 亦相宜. 或用蘑菇, 笋煨清汤, 亦佳. 以烂为度. 蕪湖敬修和尚, 将腐皮卷筒切段, 油中微炙, 入蘑菇煨烂, 極佳. 不可加雞汤.

편두
扁豆

신선한 편두扁豆를 따서 육수에 볶는다. 고기는 건지고 편두만 남겨둔다. 편두만 볶을 때는 기름을 많이 넣는 것이 좋으며 통통하고 연한 것이 귀하다. 털이 거칠고 마른 것은 척박한 땅에서 자란 것이므로 먹을 수 없다.

取现采扁豆, 用肉, 汤炒之, 去肉存豆. 单炒者油重为佳. 以肥软为贵, 毛糙 而瘦薄者, 瘠土所生, 不可食.

박과 오이
瓠子黃瓜

혼어鯶鱼를 얇게 썰어 먼저 볶다가 박과 함께 장즙醬汁에 넣어 끓인다. 왕과[10]를 넣어도 좋다.

将鯶鱼切片先炒, 加瓠子, 同酱汁煨. 王瓜亦然.

○[11]목이향심
煨木耳香蕈

양주 정혜암의 스님이 능히 목이버섯을 끓여서 2분(0.6cm) 두께로 썰 고 표고버섯은 끓여서 3분(1cm) 두께로 썬다. 먼저 표고버섯 삶은 즙으로 소스를 만든다.

扬州定慧庵僧, 能将木耳煨二分厚, 香蕈煨三分厚. 先取蘑菇熬汁为滷.

---

10 왕과王瓜: 강서성 광창현에서 산출된다.
11 음 미상인 글자

동아
冬瓜

동아는 쓰이는 곳이 아주 많다. 제비집, 생선, 고기, 장어, 드렁허리, 화퇴 등과 함께 무칠 수 있다. 양주 정혜암에서 만든 것이 가장 아름다우며 붉은 색이 호박 같다. 고기를 끓여 만든 육수葷湯를 사용하지 않는다.

冬瓜之用最多. 拌燕窝, 鱼, 肉, 鳗, 鳝, 火腿皆可. 扬州定慧菴所製尤佳. 红如血珀, 不用葷汤.

신선한 마름조림
煨鮮菱

신선한 마름을 닭고기 육수에 끓인다. 올릴 때 탕의 반을 따라 버린다. 연못에서 방금 따온 것이 제일 신선하다. 수면에 떠오른 것이 연하다. 햇밤과 은행을 더하여 무르게 끓이면 더욱 아름답다. 혹은 설탕을 사용해도 가능하다. 디저트를 만들어도 좋다.

煨鮮菱, 以雞汤滚之. 上时将汤撤去一半. 池中现起者才鲜, 浮水面者才嫩. 加新栗, , 白果煨烂, 尤佳. 或用糖亦可. 作點心亦可.

항두
缸豆[12]

항두를 고기와 함께 볶는다. 상에 올릴 때 고기는 버리고 항두만 담긴

---

12 항두缸豆: 원형으로 얇고 길게 생긴 콩으로 싱싱할 때는 볶아서 사용하고 소금에 절여먹기도 한다.

다. 가장 연한 것으로 골라 쓰고 질긴 부분을 버린다.

> 缸豆炒肉, 临上时, 去肉存豆. 以极嫩者, 抽去其筋.

세 가지 버섯탕
煨三笋

천목순天目笋[13], 동순冬笋, 문정순问政笋[14]과 닭 육수를 넣어 끓인 탕을 세 가지 버섯탕이라고 한다.

> 将天目笋, 冬笋, 问政笋, 煨入雞汤號'三笋羹'.

토란 배추조림
芋煨白菜

토란을 푹 삶은 다음 배추 심을 넣고 양념장을 넣어 간을 맞춘다. 집에서 늘 먹는 요리로는 최고이다. 오로지 배추는 반드시 살찌고 연한 것을 선택한다. 색이 푸른 것은 질기다. 뽑아서 오래 두면 마른다.

> 芋煨極烂, 入白菜心, 烹之, 加酱水调和, 家常菜之最佳者. 惟白菜须新摘肥嫩者, 色青则老, 摘久则枯.

---

13 천목순天目笋: 항주 천목산에서 산출되는 버섯
14 문정순问政笋: 안휘 문정산에서 산출되는 버섯

향주두
香珠豆

모두毛豆[15]를 8~9월 사이에 늦게 거둔다. 모두의 껍질이 크고 연한 것을 '향주두'라고 부르며 삶아 익혀서 간장과 술에 담갔다 먹는다. 껍질을 까서 담그기도 하고 껍질째 담그기도 한다. 향이 좋고 부드러워서 늘 먹던 콩을 안 먹게 된다.

毛豆至八九月间晚收者, 最阔大而嫩, 號 "香珠豆." 煮熟, 以秋油, 酒泡之; 出壳可, 帶亦壳可, 香软可爱. 寻常之豆, 不可食也.

채소류

마란
马兰

마란두马兰头 연한 것을 딴다. 죽순을 넣고 식초에 무쳐 먹는다. 느끼한 음식을 먹은 후에 느끼함을 없애준다.

马兰头菜, 摘取嫩者, 醋合笋拌食. 油腻後食之, 可以醒脾.

양화채
杨花菜

양화채는 남경에서 3월에 난다. 부드럽고 아삭한 것은 시금치와 유사하다. 이름이 아주 아름답다.

---

15 모두毛豆: 콩 껍질에 털이 있는 콩

南京三月有杨花菜, 柔脆与菠菜相似, 名甚雅.

문정지역의 죽순 요리
问政笋丝

문정순은 즉 항주의 죽순이다. 휘주 사람이 보낸 죽순은 대부분 싱겁게 말린 것이다. 물에 불려서 채 썬 다음 닭 육수를 넣어 끓인다. 공사마龔司馬는 간장을 넣고 죽순을 끓인 다음 불에 쬐어 말려서 상 위에 올린다. 휘주 사람들이 먹는 방법을 보니 맛이 색 달라 놀랍다. 꿈에서 깨달음을 얻은 것 같아 웃었다.

问政笋, 即杭州笋也. 徽州人送者, 多是淡笋乾, 只好泡烂切丝, 用雞肉汤煨用. 龔司马取秋油煮笋, 烘乾上桌. 徽人食之, 驚为異味, 余笑其如梦之方醒也.

닭다리버섯볶음
炒雞腿蘑菇

무호의 대암 스님이 닭다리버섯을 깨끗이 씻고 표고버섯의 모래를 제거하여 간장과, 술을 넣고 익혀서 접시에 담아 손님에게 대접했더니 아주 좋았다.

蕪湖大庵和尚, 洗净雞腿, 蘑菇去沙, 加秋油, 酒炒熟, 盛盘宴客, 甚佳.

돼지기름 무볶음
猪油煮萝蔔

익은 돼지기름熟猪油을 이용하여 무萝蔔를 볶는다. 마른 새우를 넣고 끓인다. 푹 익을 정도로 끓인다. 꺼내기 전에 송송 썬 파를 넣는다. 색이 호박같다.

用熟猪油炒萝蔔, 加虾米煨之. 以極熟为度. 临起加葱花, 色如琥珀.

채소반찬류
【 小菜单 】

소채는 재료이다. 부, 사, 서도가 육관을 보좌하는 것과 같다. 비위를 깨우고, 탁한 것을 맑게 하는 것이 모두 소채에 달렸으므로 소채단을 짓는다.

小菜佐食, 如府史胥徒佐六官也. 醒脾, 解濁全在于斯, 作小菜单.

죽순포
笋脯

말린 죽순笋脯은 여러 지역에서 산출된다. 가원家園에서 구워내는 것이 제일이다. 신선한 죽순에 소금을 넣고 끓여 익혀 바구니에 담아 굽는다. 만들 때는 반드시 밤낮으로 살펴보고 약한 불, 즉 센 불이 아닌 불로 끓인다. 간장을 사용하면 색은 약간 검다. 봄에 나오는 죽순, 겨울에 나오는 죽순에 모두 이용이 가능하다.

笋脯出处最多, 以家園所烘为第一. 取鲜笋加盐煮熟, 上篮烘之, 须書夜環看, 稍火不旺则溲矣. 用清酱者, 色微黑. 春笋, 冬笋皆可为之.

천목순
天目笋

천목순은 대부분 소주에서 판매한다. 대나무 바구니의 맨 위에 담아 놓은 것이 가장 좋다. 대바구니의 맨 위로부터 아래로 2촌(6.6cm) 정도 내려가면 질긴 죽순을 끼워 넣었으니 돈을 더 주더라도 맨 위에 담아둔 것蓋面으로 수 십 개를 구입한다. '작은 것들을 모으면 큰 것이 된다集狐成腋'는 의미와 같다.

天目笋多在苏州发卖, 其篓中蓋面者最佳, 下二寸便換入老根硬节矣. 须出重价, 专买其蓋面者数十条, 如集狐成腋之义.

옥란편
玉兰片

동순冬笋을 불에 쬐어 구워서烘 얇게 썬다. 꿀을 조금 더한다. 소주에 있는 손춘양孫春陽의 집에는 짠맛이 나는 것과 단맛이 나는 것 두 가지 종류가 있다. 짠 것이 더 낫다.

以冬笋烘片, 微加蜜焉. 苏州孫春楊家有盐, 甜二種, 以盐者为佳.

소화퇴
素火腿

처주處州의 순포를 소화퇴, 즉 처편이라 부른다. 자세히 보면 매우 단단하다. 모순을 구입하여 스스로 굽는 것만큼 묘하지는 않다.

處州筍脯, 號"素火腿", 即處片也, 久之太硬, 不如买毛筍自烘之为妙.

선성죽순포
宣城笋脯

선성순은 뾰족하고 색이 검고 통통하다. 천목순과 비슷하며 매우 아름답다.

宣城笋尖, 色黑而肥, 與天目笋大同小異, 極佳.

인삼죽순
人参笋

세순을 인삼 형태로 만든 것이다. 꿀물蜜水을 약간 더한다. 양주 사람들이 중요시하기 때문에 가격이 매우 높다.

製细笋如人参形, 微加蜜水. 扬州人重之, 故價颇贵.

죽순기름
笋油

죽순 10근을 하루 종일 찐다. 마디를 뚫어 꿰어 판 위에 놓는다. 두부 만드는 방법과 같이 죽순 위에 판자를 올려놓고 눌러서 나온 즙에 소금 1량(37.5g)을 더하면 죽순기름이 되고, 죽순을 햇볕에 말리면 포가 된다. 천태天台[1]의 승려가 만들어 보내왔다.

> 笋十斤, 蒸一日一夜, 穿通其节, 铺板上, 如作豆腐法. 上加一板压而笮之, 使汁水流出, 加炒盐一两, 便是笋油. 其笋晒乾仍可作脯. 天台僧製以送人.

조유
糟油

조유는 태창주太倉州에서 난다. 오래될수록 더 좋다.

> 糟油出太仓州, 愈佳.

새우기름
虾油

새우 몇 근을 구입하여 간장과 함께 솥에 넣어 끓인 다음 새우알을 건져서 보자기에 싸서 간장을 짜낸다. 새우알을 깊고 좁은 그릇인 관罐에 담아 둔다.

> 买虾子数斤, 仝秋油入锅熬之, 起锅用布沥出秋油, 仍将布包虾子, 仝放罐中盛油.

---

1 천태天台: 절강성 천태현의 서쪽에 있는 천태종의 성지인 산

자호장
喇虎酱

산초秦椒를 찧어 첨장과 섞어 찐다. 마른 새우를 다져서 넣어 먹으면 더 좋다.

秦椒捣烂, 和甜酱蒸之, 可屑虾米搀入.

훈어자
熏鱼子

훈어자의 색은 호박색이다. 기름기가 많은 것이 귀하다. 소주에 있는 손춘양孙春杨의 집에서 만든 것으로 금방 만든 것일수록 묘하다. 오래되면 맛이 변하고 기름도 마른다.

熏鱼子色如琥珀 以油重为贵. 出苏州孙春杨家, 愈新愈妙, 陈则味变而油枯.

엄동채, 황아채
腌冬菜, 黄芽菜

엄동채, 황아채의 맛은 담백하고 신선하다. 짜면 맛이 좋지 않지만 오랫동안 두고 먹으려면 소금을 넣지 않으면 안 된다. 큰 단지 하나 정도에 절여서 삼복에 연다. 위에 반은 냄새가 나고 무르나 아래 반은 향미가 색 다르다. 색이 구슬처럼 희니 무척 아름답다. 사람을 볼 때도 겉모습만 보지 않기를相士之不可但觀皮毛也 바란다.

腌冬菜, 黄芽菜, 淡则味鲜, 咸则味恶. 然欲久放, 则非盐不可. 常腌一大
罎, 三伏时开之, 上半截虽臭, 烂, 而下半截香美異常, 色白如玉, 甚矣! 相
士之不可但觀皮毛也.

상추대
莴苣

상추의 대를 먹는 방법은 두 가지이다. 햇장新醬에 담그면 아삭하여 맛
이 좋고, 혹은 절여서 포를 만들어 얇게 썰어 먹어도 매우 신선하다. 따라
서 담백한 것이 귀하고 짜면 맛이 없다.

食莴苣有二法: 新酱者, 鬆脆可爱; 或醃之为脯, 切片食甚鲜. 然以淡为贵,
咸则味恶矣.

향건채
香乾菜

봄에 개채의 심을 바람에 말렸다가 줄기만 취한다. 싱겁게 절인 후 햇
볕에 말린다. 술, 설탕 간장을 더하여 무친 다음 쪄서 바람에 말린 후 병에
담는다.

春芥心风乾, 取梗淡醃, 晒乾, 加酒, 加糖, 加秋油, 拌後再加蒸之, 风乾入
瓶.

동개
冬芥

동개冬芥는 이름하여 설리홍雪里红이라 한다. 한 가지 방법은 통째로 싱 겁게 절이는 것이 좋다. 또 다른 방법은 가운데의 심을 취하여 바람에 말렸 다가 다져서 병에 담아둔다. 숙성시킨 다음 각종 생선탕을 끓일 때 넣으면 시원한 맛이 난다. 혹은 식초를 끓여서 탕에 넣어 맛에 변화를 주어도 좋 다. 장어 끓일 때, 붕어 끓일 때 넣으면 제일 좋다.

> 冬芥名雪里红. 一法整醃, 以淡为佳; 一法取心风乾, 斩碎, 醃入瓶中, 熟後 放鱼羹中, 極鲜. 或用醋熨, 入锅中作辨菜亦可. 煮鳗, 煮鲫鱼最佳.

춘개
春芥

개채의 심芥心을 취하여 바람에 말려 곱게 다진다. 절여서 숙성되면 병 에 담는다. '나채挪菜'라고 부른다.

> 取芥心风乾, 斩碎. 醃熟入瓶, 號稱 '挪菜.'

개채뿌리
芥头

개채의 뿌리芥根를 얇게 썰어 개채 잎과 함께 절였다 먹으면 아주 아삭 거린다. 혹은 통째로 절여 햇볕에 말려서 포를 만들면 맛이 매우 좋다.

> 芥根切片, 入菜同醃, 食之甚脆. 或整醃, 晒乾作脯, 食之尤妙.

지마채
芝麻菜

절인 개채를 햇볕에 말려 아주 곱게 다져서 쪄 먹는다. 지마채라고 부르며 노인에게 좋다.

> 醃芥晒乾, 斬之碎極, 蒸而食之, 號 "芝麻菜". 老人所宜.

반건조두부
腐乾丝

좋은 반건조두부腐乾[2]를 아주 가늘게 채 썰어 새우를 넣고 간장과 함께 무친다.

> 將好腐乾切丝极细, 以虾子, 秋油拌之.

풍○[3]채
风瘪菜

동채冬菜의 가운데 심 부분을 바람에 말린 다음 절였다가 즙이 나올 정

---

2 부건腐乾: 순두부를 작은 보자기에 싸서 틀에 넣어 수분을 제거하여 반건조 상태로 만든 식품
3 음 미상인 글자

도로 꼭 짠 뒤 작은 병에 담는다. 진흙으로 병의 주둥이를 봉하여 뒤집어서 재 위에 놓았다가 여름에 먹는다. 그 색이 노랗고 냄새가 향기롭다.

> 将冬菜取心风乾, 醃後筢出滷, 小瓶裝之, 泥封其口, 倒放灰上. 夏食之, 其
> 色黃, 其臭香.

조채
糟菜

절였던 풍○채를 꺼내어 채소 잎으로 싼다. 각각의 작은 채소 뭉치에 술지게미[4]를 펴 바르고 단지에 켜켜이 담는다. 꺼내어 먹을 때 풀어서 먹는다. 채소에 술지게미가 직접 닿지 않았어도 채소에서 술지게미 맛이 난다.

> 取醃过风瘟菜, 以菜葉包之, 每一小包, 铺一面香糟, 重叠放罈内. 取食时,
> 开包食之, 糟不沾菜, 而菜得糟味.

산채
酸菜

동채의 심冬菜心을 바람에 말려 설탕, 식초, 겨자芥末와 함께 단지에 담아 둔다. 간장을 조금 넣어도 좋다. 연회 중 술에 취했을 때 먹으면 비장도 깨우고 술도 깬다.

---

4 향조香糟: 항주, 소흥지역에서 이용하는 조미료이다. 소맥과 찹쌀에 곡을 넣고 발효하여 만든 것으로 주정 농도 26~30%이고 순 백색이지만 향미가 농하지 않다. 후숙과정을 거쳐 노란색이 홍색으로 변하고 향미가 점점 농해진다. 건조하고 서늘한 곳에 보관하고 햇볕과 습한 곳은 피한다.

冬菜心风乾微醃, 加糖, 醋, 芥末, 带滷入罐中; 微加秋油亦可. 席间醉饱之餘食之, 醒脾解酒.

태채심
臺菜心

봄날 태채의 심을 절였다가 즙이 나올 정도로 꼭 짜서 작은 병에 담았다가 여름에 먹는다. 바람에 말린 그 꽃을 채화두라고 부른다. 고기 요리할 때 이용할 수 있다.

取春日臺菜心醃之, 笮出其滷, 裝小瓶之中. 夏日食之. 风乾其花, 即名菜花头, 可以烹肉.

대두채
大头菜

대두채는 남경의 승은사에서 나온다. 오래될수록 맛있다. 고기 요리에 넣으면 가장 신선하다.

大头菜出南京承恩寺, 愈陈愈佳. 入荤菜中, 最能发鲜.

무
萝蔔

큰 무萝蔔를 골라 장에 담아 하루 이틀 지나 먹으니 단맛이 나고 아삭

해서 상큼하다. '후니'라는 사람이 무를 말렸는데 나비 모양으로 자른煎[5] 것이, 길이가 3m 이상 끊임없이 이어져 신기해 보였다. 승은사承恩寺에서 파는 것은 식초를 넣은 것으로 시간이 지날수록 묘하다.

> 萝蔔取肥大者, 酱一二日即喫, 甜脆可爱. 有侯尼能製为齑, 煎片如蝴蝶, 长
> 至丈许, 连翻不断, 亦一奇也. 承恩寺有卖者, 用醋为之, 以陈为妙.

유부
乳腐

유부는 소주의 온장군溫将軍사당 앞에서 파는 것이 제일 맛있다. 색이 검어도 맛이 신선하다. 마른 것과 물기가 있는 것 두 가지가 있다. 새우알虾子과 유부를 섞어도 또한 신선하다. 비린내가 약간 나므로 역겨울 수도 있다. 광서지역의 흰 유부가 제일 아름답다. 왕고관王庫官의 집에서 만드는 것이 역시 묘하다.

> 乳腐, 以苏州温将军庙前者为佳, 黑色而味鲜. 有乾, 湿二種. 有虾子腐亦
> 鲜, 微嫌腥耳. 廣西白乳腐最佳. 王庫官家製亦妙.

장에 볶은 견과류 세 가지
酱炒三果

호두核桃, 행인杏仁은 껍질을 제거한다. 개암榛은 껍질을 벗길 필요가 없다. 먼저 기름에 튀겨 바삭하게 한 다음 장을 넣는다. 너무 눌면 안 된다.

---

5 전煎: 자르다는 의미의 전剪일 것으로 사료된다.

장醬의 양은 재료의 양에 따라 달리한다相物而行.

> 核桃, 杏仁去皮, 榛子不必去皮. 先用油炮脆, 再下酱, 不可太焦. 酱之多
> 少, 亦须相物而行.

장석화
酱石花

석화를 깨끗하게 씻어 장에 넣는다. 먹을 때 다시 씻는다. 일명 기린채
麒麟菜라고 한다.

> 将石花洗净入酱中, 临吃时再洗, 一名麒麟菜.

석화고
石花糕

석화를 응고상태가 될 때까지 푹 끓인다. 그런 다음 칼로 자르면 밀랍
색이 난다.

> 将石花熬烂作膏, 仍用刀畫开, 色如蜜蠟.

송이버섯
小松菌

간장을 송이버섯과 함께 솥에 넣고 끓인 다음 익혀 건진다. 참기름을
더하여 길고 좁은 관罐에 담는다. 그리고 이틀 지나면 먹을 수 있고, 오래되

면 맛이 변한다.

将清酱仝松菌入锅滚熟, 收起, 加蔴油入罐中. 可食二日, 久则味变.

고둥
吐蚨

고둥[6]은 흥화, 태흥에서 난다. 살아 있는 것 중 아주 연한 것을 술지게 미에 담근다. 설탕을 더하면 스스로 기름을 토한다. 이름하여 고둥泥螺이라 고 부르며 진흙이 없는 것이 좋은 것이다.

吐蚨出兴化, 泰兴. 有生成极嫩者, 用酒娘浸之, 加糖则自吐其油, 名为泥 螺, 以無泥为佳.

해파리
海蜇

어린 해파리를 술지게미에 담그면 풍미가 독특하다. 빛이 나는 것을 백 피라고 하며 채로 썰어 술과 초에 함께 무친다.

用嫩海蜇, 甜酒浸之, 颇有风味. 其光者名为白皮, 作丝, 酒, 醋同拌.

---

6 고둥土蚨 : 명주달걀고둥

하자어
虾子鱼

자어子鱼는 소주에서 나온다. 소어小鱼는 나면서부터 알이 있다. 살아 있을 때 요리해서 먹는다. 말린 것보다 낫다.

子鱼出苏州, 小鱼生而有子. 生时烹食之, 较美于煮.

장강
酱姜

생강을 연한 것으로 취하여 살짝 절인다. 먼저 알갱이가 성긴 장粗酱으로 덮고 다시 알갱이가 고운 장에 덮는다. 무릇 세 번하면 장강酱姜이 되기 시작한다. 옛날에는 매미 껍질蝉退 한 개를 장 속에 넣으면 생강이 오래되어도 질겨지지 않았다.

生薑取嫩者微醃, 先用粗酱套之, 再用细酱套之, 凡三套而味成. 古法用蝉退一个入酱, 则薑久而不老.

장과
酱瓜

장과를 절인 다음 바람에 말렸다가 장에 넣는다. 장강법과 같다. 달게 하기는 어렵지 않으나 아삭하게 만들기가 어렵다. 항주杭州에 있는 시로잠施鲁箴의 집에서 만든 것이 가장 맛있다 사람들은 "장에 넣었다 햇볕에 말린 후 또 장에 넣으면 껍질이 얇아지고 쭈글쭈글해져서 씹으면 아삭하다."고 하였다.

> 醬瓜醃後, 风乾入酱, 如酱薑之法. 不难其甜, 而难其脆. 杭州施鲁箴家, 製
> 之最佳. 据云: 酱後晒乾又酱, 故皮薄而皱, 上口脆.

햇잠두볶음
新蠶豆

햇잠두 연한 것을 절인 개채와 함께 볶으면 맛이 아주 좋다. 아무 때나 꺼내어 먹어도 아름답다.

> 新蠶豆之嫩者, 以醃芥菜炒之, 甚妙. 随采随食方佳.

엄단
醃蛋

엄단은 고우高邮[7]지역에서 만든 것이 최고다. 색이 붉고 기름지다. 고문단高文瑞공이 제일 좋아하는 음식이다. 연회할 때도 그는 엄단을 집어서 손님에게 권한다. 엄단을 접시에 담아 놓고 껍질째 반으로 잘라 노른자와 흰자를 함께 먹는다. 노른자만 먹고 흰자는 버린다면 완전한 맛이 아닐 뿐만 아니라 기름진 맛도 함께 사라진다.

> 醃蛋以高邮为佳, 颜色红而油多. 高文瑞公最喜食之. 席间先夹取以敬客.
> 放盘中, 总宜切开带壳, 黄, 白兼用; 不可存黄去白, 使味不全, 油亦走散.

---

7 고우高邮: 강소성의 한 지역 이름

달걀흰자찜

混套

달걀의 겉껍질을 두드려 작은 구멍을 만든 다음 흰자와 노른자를 빼내어 노른자는 놔두고 흰자만 사용한다. 진한 닭 육수鷄滷를 넣고 젓가락으로 오랫동안 젓는다. 이것을 다시 달걀에 담고 껍질 윗부분을 종이로 봉한다. 밥솥에 넣어 쪄서 익혀 껍질을 까면 흰자만으로 완벽한 달걀이 나온다. 색다른 맛이다.

将雞蛋外壳微敲一小洞，将清，黄倒出，去黄用清，加浓雞滷煨就者拌入，用箸打良久，使之融化，仍装入蛋壳中，上用纸封好，饭锅蒸熟，剥去外壳，仍浑然一雞卵也，味極鲜.

교과포

茭瓜脯

교백茭白을 장에 담갔다가 꺼내어 바람에 말린 다음 얇게 썰어 포를 만든다. 죽순포와 유사하다.

茭瓜入酱，取起风乾，切片成脯，與笋脯相似.

우수부건

牛首腐乾

반 건조 상태의 두부豆腐乾는 우수스님이 만든 방법이 가장 좋다. 단, 산 아래서 이 재료를 파는 집이 일곱 집이다. 오히려 효당스님 집에서 만든 것이 가장 묘하다.

> 豆腐乾以牛首僧製者为佳. 但山下卖此物者有七家, 惟晓堂和尚家所制方妙.

장왕과
酱王瓜

왕과가 처음 나올 때 가는 것을 택하여 장에 박아둔다. 아삭아삭하고 신선하다.

> 王瓜初生时, 择细者醃之入酱, 脆而鲜.

후식류
【 点心单 】

양소명[1]은 간식으로 점심을 먹었다고 하였고, 정수 형수는 시동생에게 점심으로 권하였다 하니 유래가 오래되었다. 이에 점심단을 짓는다.

梁昭明以點心为小食, 郑修嫂劝叔且點心, 由来舊矣, 作點心单.

장어면
鰻面

큰 장어_{大鰻} 한 마리를 무르게 찐다_{蒸烂}. 살을 갈라 뼈를 빼내고 밀가루에 넣는다. 닭 육수를 넣고 가볍게 반죽한다. 반죽을 밀어서 피로 만든 다음 작은 칼로 가는 국수를 만든다. 닭 육수, 화퇴즙, 버섯즙을 넣어 끓인다.

191

> 大鰻一条蒸烂, 拆肉去骨, 和入麵中, 入雞汤清揉之, 幹成麵皮, 小刀劃成细
> 条, 入雞汁, 火腿汁, 蘑菇汁滚.

---

1 양소명梁昭明 : 남북조시대 소명태자

온면
温面

가늘게 만든 국수를 탕에 넣었다가 건져 그릇에 담는다. 먹을 때 닭고기와 표고버섯香蕈으로 만든 농한 즙을 각자 국자로 떠서 면 위에 담는다. 드렁허리鱓를 끓여 만든 농한 즙에 면을 넣고 다시 끓이는 것은 항주杭州지역의 요리이다.

将细麵下汤沥乾, 放碗中, 用雞肉, 香蕈浓滷, 临喫, 各自取瓢加上. 熬鱔成滷, 加麵再滚. 此杭州法.

치마면
裙带面

작은 칼로 반죽을 잘라 면을 약간 넓게 만들기 때문에 군대면裙带麵이라고 부른다. 대부분 면을 만들 때는 국물이 많고 탕이 진해야 한다. 그릇 안에 있는 면이 보이지 않아야 묘하다. 한 그릇 다 먹고 난 후 더 덜어 먹고 싶을 정도로 사람을 끌어 들이는 매력引人入胜이 있다. 이 방법은 양주에서 성행하던 방법이다. 심히 깊은 뜻이 있는 것 같다.

以小刀截麵成条, 微宽, 则號 "裙带麵." 大概作麵, 总以汤多滷重, 在碗中望不见麵为妙. 宁使食毕再加, 以便引人入勝. 此法扬州盛行, 恰甚有道理.

채소면
素麵

하루 전날 표고버섯 기둥蘑菇蓬을 끓여서 걸러 놓고, 다음날 죽순을 끓여서 즙을 만들고 면을 넣어 끓인다. 이 방법은 양주의 정혜암자의 스님이 제일 정교하게 잘 만들었는데 그 방법이 사람들에게 전해지지 않아서 그 대강을 모방해 볼 수 있다. 탕은 완전히 검은색이며 혹자는 어두운 색을 내려면 새우즙虾汁과 표고버섯의 원래의 즙을 사용하는 것이 좋다고 한다. 다만, 찌꺼기는 거르는 것이 좋고 중간에 물을 바꾸면 안되며 물을 바꾸면 원래의 맛이 엷어진다고 하였다.

> 先一日将蘑菇蓬熬汁，定清；次日将笋熬汁，加麵滚上. 此法扬州定慧庵僧人製之極精，不肯传人. 然其大概亦可傚求. 其湯纯黑色的，或云暗 用虾汁, 蘑菇原汁, 只宜澄去泥沙, 不可换水；一换水，则原味薄矣.

사의병
蓑衣饼[2]

마른 밀가루에 냉수를 넣어 섞는다. 많이 주무르지 않는다. 반죽을 얇게 편 후에 말아 올린 후 다시 얇게 밀고, 그 위에 돼지기름, 설탕을 고루 펴 바른다. 다시 돌돌 말아서 얇게 민다. 밀은 다음 돼지기름에 노릇노릇하게 지진다. 만약 짠 것을 원하면 파, 산초, 소금을 더해도 된다.

193

> 乾麵用冷水调, 不可多, 揉幹薄後, 捲拢再幹薄了, 用猪油, 白糖铺匀, 再捲拢幹成薄饼, 用猪油燠黄. 如要鹽的, 用葱, 椒, 盐亦可.

---

2 사의병蓑衣饼: 병饼의 표면이 도롱이처럼 두둘두둘하여 붙여진 이름

새우병
虾饼

생새우 살虾肉, 파, 소금, 산초花椒, 단술甜酒 등을 각각脚[3] 조금씩 준비하여 밀가루와 물에 섞어如水[4] 반죽한다. 참기름에 튀겨 익힌다.

> 生虾肉, 葱, 盐, 花椒, 甜酒脚少许, 如水和麵, 香油灼透.

얇은 병
薄饼

산동성에 있는 공번대藩台의 집에서 만든 얇은 병은 매미 날개蝉翼만큼 얇다. 큰 것은 찻잔 받침만 한데, 얇고 부드럽기가 이루 다 말할 수 없다. 우리 집 사람들이 그의 방법대로 만들어 보았으나 결국 공번대의 수준에 못 미쳤다. 원인이 무엇인지 모르겠다. 섬서성, 감숙성 일대의 사람들秦人은 일종의 작은 주석관锡罐을 만들어 주석관 하나에 병 30장을 담아 손님 한 명당 주석관을 한 개씩 드린다. 병은 귤만큼 작다. 주석관에는 뚜껑이 있어 보관이 가능하다. 채 썰어 볶은 돼지고기는 머리카락만큼 얇고 파도 가늘게 썰어야 한다.

> 山东孔藩台家製薄饼, 薄若蝉翼, 大若茶盘, 柔腻绝伦. 家人如其法为之, 卒不能及, 不知何故. 秦人製小锡罐, 装饼三十张. 每客一罐, 饼小如柑. 罐有盖, 可以贮煖. 用炒肉丝, 其细如髮. 葱亦如之. 猪, 羊并用, 號曰"西饼."

---

3 각脚: 각즙일 것으로 사료된다.
4 여如: 여加일 것으로 사료된다.

송병
松饼

남경 연화교 교문방지점에서 만든 송병이 가장 정교하다.

南京莲花桥, 教门方店最精.

쥐꼬리면
面老鼠

뜨거운 물을 넣고 반죽한다和面. 닭 육수가 끓기를 기다렸다가 젓가락
으로 떼어 넣는다. 굵기는 상관없다. 신선한 청경채의 속菜心을 더하면 색다
른 풍미가 있다.

以热水和麵, 俟雞汁滾时, 以箸夹入, 不分大小, 加活菜心, 别有风味.

전불릉 즉 고기만두
顛不稜即肉饺也

면을 반죽하여糊面 펼쳐 놓고 고기를 중앙에 넣어 찐다. 그 장점에 대하
여 이야기하자면 전체적으로 소餡를 만드는 방법에 관한 것인데, 고기를 연
하게 하려면 근육을 제거하고 양념을 하는 것이 좋다. 필자가 광동에 갔을
때 관진태官镇台에서 먹은 고기만두顛不稜가 심히 맛있었다. 소餡는 고기 껍질
을 끓여서 응축된 상태로 만들어 넣었기 때문에 연하고 부드러워 좋았다.

糊麵摊开, 裹肉为馅蒸之. 其讨好处, 全在作馅得法, 不过肉嫩, 去筋, 作料
而已. 余到廣东, 喫官镇台顛不稜, 甚佳. 中用肉皮煨膏为馅, 故觉软美.

고기혼돈
肉馄饨

혼돈馄饨[5]을 만드는 방법은 교자를 만드는 방법과 동일하다.

作馄饨, 與餃同.

부추합
韭合

부추의 흰부분을 고기와 섞어서 양념한 다음 만두피에 싸서 기름에 튀긴다. 소에 유지방酥을 더하면 더욱 묘하다.

韭白拌肉, 加作料, 麵皮包之, 入油灼之. 麵內加酥更妙.

면의
麵衣

설탕물로 반죽한다. 기름을 뜨겁게 하여 젓가락으로 집어넣는다. 그렇게 만들어진 것이 병의 형태여서 연과병이라고 한다. 항주杭州의 방법이다.

糖水湖麵, 起油锅令热, 用箸夹入; 其作成饼形者, 號"软锅饼." 杭州法也.

---

5 혼돈馄饨: 면식面食의 일종, 피를 얇게 만들어 고기를 속에 넣어 만든 다음 끓여서 먹는 음식

소병
烧饼

잣, 호두를 두드려 으스러뜨린다. 물, 설탕가루, 기름을 밀가루에 넣고 반죽하여 굽는다. 양쪽이 모두 노릇노릇해질 정도로 굽고 위에 깨를 뿌린다. 고아叫兒가 만들 수 있다. 밀가루를 체에 4~5번 정도 친다. 눈처럼 희다. 반드시 양면 프라이팬을 사용하여 위아래土下[6]를 고루 굽는다. 버터奶酥를 넣어 만들면 더욱 좋다.

用松子, 胡桃仁敲碎, 加水糖屑, 脂油, 和麵炙之, 以两面黄为度, 面加芝蔴. 叩兒会做, 麪羅至四五次, 则白如雪矣. 须用两面锅, 土下放火, 做奶酥更佳.

천층만두
千层馒头

양삼융楊參戎의 집에서 만든 만두馒头[7]는 눈처럼 희며 들어 올리니 천층으로 쌓아 놓은 것 같다. 금릉 사람은 만들 줄 모른다. 이렇게 만드는 방법은 양주에서 반을 배웠고, 상주常州, 무석無錫에서 그 반을 배웠다.

杨参戎家製馒头, 其白如雪, 揭之如有千层. 金陵人不能也. 其法扬州得半, 常州, 無锡亦得其半.

---

6 토하土下: 상하上下일 것으로 사료된다.

7 만두馒头: 밀가루에 발효제를 넣고 쪄서 만든 식품으로 위는 동그랗고 아래는 평편하며 속이 없다.

면차
面茶

성긴 차를 끓여 즙을 만들고 밀가루를 볶으면서 넣는다. 참깨장을 넣어도 되고 우유를 넣어도 된다. 소금을 약간 넣는다. 우유가 없으면 버터奶酥나 우유 표면에 응고된 지방을 함유한 막奶皮을 더한다.

> 熬粗茶汁, 炒麵兌入, 加芝蔴酱亦可. 加牛乳亦可, 微加一撮盐. 無乳則加奶
> 酥, 奶皮亦可.

락
酪[8]

살구씨杏仁를 다져서 비교적 농한 액체浆를 만든 다음 찌꺼기를 거른다. 쌀가루와 섞어 설탕을 넣어 졸인다.

> 捶杏仁作浆, 挍去渣, 拌米粉, 加糖熬之.

분의
粉衣

면의를 만드는 방법과 동일하다. 설탕과 소금을 조금 넣어도 된다. 개인의 기호에 따른다.

> 如作麵衣之法. 加糖, 加盐俱可, 取其便也.

---

8 락酪: 동물의 유즙과 살구씨 또는 호두가루를 섞어 반 응고 상태로 만든 유제품의 일종

대나무잎 종자
竹葉粽

대나무잎에 흰 찹쌀을 싸서粽 끓인다. 뾰족하고 작은 것이 마름菱角이 처음 생겨나올 때와 같다.

> 取竹葉裹白糯米煮之. 尖小, 如初生菱角.

무탕원
萝蔔汤圓[9]

무를 채 썬 다음 끓여 익혀서 무 냄새를 없앤다. 물기를 뺀 후 파, 간장과 무친다. 속을 만들어 피에 싼다. 다시 참기름에 튀긴다. 탕에 넣고 끓여도 좋다. 춘포방백가에서 만든 무로 만든 병은, 고아가 배워서 알게 되었다. 이 방법을 참고하여 부추병과 야생 닭병을 만들어 본다.

> 萝蔔刨丝滚熟, 去臭氣, 微乾, 加葱, 酱拌之, 放粉团中作馅, 再用蘇油灼之. 汤滚亦可. 春圃方伯家製萝蔔饼, 叩兒学会, 可照此法作韭菜饼, 野雞饼试之.

수분탕원
水粉[10]汤圓

쌀을 물과 함께 갈아서 '수분'으로 탕원을 만들면 매끄럽고 부드러운

---

9 나복탕원萝蔔汤圓: 찹쌀을 무에 담갔다가 갈아서 자루에 넣어 수분을 짠 다음 남아 있는 것으로 피를 만들어 속을 넣고 동그랗게 만들어 삶거나 찌거나 튀기거나 볶아서 만든 음식
10 수분水粉: 물과 찹쌀을 함께 갈아서 만든 찹쌀 전분

것이 이상적이다. 잣, 호두, 돼지기름, 설탕으로 소를 만들거나 혹은 연한 고
기에서 근육을 제거하고 다져서 부드럽게 만든 다음 다진 파와 간장을 넣
어 속을 만든다. 수분을 만드는 방법은 찹쌀을 물에 하루 저녁 담갔다가
물과 함께 맷돌에 갈아서 보자기에 담는데, 보자기 아래에 재를 더하여 재
로써 찌꺼기를 제거하고 고운가루만 햇볕에 말려서 사용한다.

> 用水粉和作汤圆, 滑膩異常. 中用松仁, 核桃, 猪油, 糖作馅, 或嫩肉去筋丝
> 捶烂, 加葱末, 秋油作馅亦可. 作水粉法, 以糯米浸水中一日夜, 带水磨之,
> 用布盛接, 布下加灰, 以去其渣, 取细粉晒乾用.

지유고
脂油糕

순 찹쌀가루에 돼지기름을 넣고 반죽하여 접시에 담아 쪄서 익힌다.
얼음사탕을 부스러뜨려 찹쌀가루와 섞는다. 다 쪄지면 칼로 자른다.

> 用纯糯粉拌脂油, 放盘中蒸熟, 加冰糖捶碎, 入粉中, 蒸好用刀切开.

설화고
雪花糕

찹쌀밥을 찧어 곱게 만들고 깨소금에 설탕을 더하여 속을 만든다. 병
으로 만든 다음 다시 네모나게 자른다.

> 蒸糯饭捣烂, 用芝麻屑加糖为馅, 打成一饼, 再切方块.

연향고
软香糕

연향고는 소주의 도림교가 제일 잘 만든다. 그 다음이 서시西施가에서 만든 호구고이고, 남경의 남문 밖에 있는 보은사가 세 번째로 잘 한다.

软香糕, 以苏州都林桥为第一. 其次虎邱糕, 西施家为第二. 南京南门外报恩寺则第三矣.

백과고
百果糕

항주 북관 밖에서 파는 것이 가장 맛있다. 찹쌀가루에 잣과 호두는 넣고 유자는 넣지 않은 것이 묘하다. 단맛은 꿀이나 설탕을 넣어서 나는 맛이 아니다. 금세 먹어도 좋고 오랫동안 두고 먹어도 좋다. 집에서는 이 방법대로 만들 수 없다.

杭州北关外卖者最佳, 以粉糯, 多松仁, 胡桃, 而不放橙下者为妙. 其甜处非蜜非糖, 可暂可久, 家中不能得其法.

율고
栗糕

밤을 푹 삶는다. 순 찹쌀가루에 설탕을 더하여 쪄서 고糕를 만든다. 위에 해바라기씨와 잣을 얹는다. 이것은 음력 9월 9일 중양절重陽에 먹는 간식小食이다.

煮栗極烂, 以纯糯粉加糖为糕蒸之, 上加瓜仁, 松子 此重阳小食也.

청고, 청단
青糕, 青团

채소로 즙을 만들어 가루에 섞어 고와 단团[11]을 만든다. 푸른 옥색이
난다.

抱青草为汁, 和粉作粉团, 色如碧玉.

합환병
合欢饼

떡을 쪄서 밥을 만들어 나무틀에 박으면 작은 팔찌 모양이 된다. 철로
만든 걸개에 걸어놓고 굽는다. 걸개에 약간의 기름을 발라놓으면 달라붙지
않는다.

蒸糕为饭, 以木印印之, 如小珙璧状, 入铁架熯之, 微用油, 方不粘架.

병아리콩고
雞豆[12]糕

병아리콩雞豆을 간다. 약간의 가루와 섞어 고糕를 만들어 접시에 놓고

---

11 단团: 속이 들어 있으면서 모양이 큰 것

찐다. 먹을 때 작은 칼로 자른다.

> 研碎雞豆, 用微粉为糕, 放盘中蒸之. 临食用小刀片开.

병아리콩죽
雞豆粥

병아리콩을 갈아서 죽으로 만든다. 신선한 것이 제일 좋고 묵은 것도 좋다. 산약, 복령茯笭[13]을 더하면 더욱 묘하다.

> 磨碎雞豆为粥, 鲜者最佳, 陈者亦可; 加山药, 茯笭尤妙.

금단자
金团

항주금단金团[14]은 나무를 복숭아나 살구, 고대의 화폐였던 원보 모양으로 깎아서 틀을 만든 다음 밀가루를 반죽하여 그 틀에 넣고 눌러서 모양을 만들면 된다. 속은 고기로 만들어도 되고 채소로 만들어도 된다.

> 杭州金团, 凿木为桃, 杏, 元宝之状, 和粉搦成, 入木印中便成. 其馅不拘荤素.

203

---

12 계두雞豆: 콩의 모양이 닭 벼슬처럼 생겨서 계두라고 한다.

13 복령茯笭: 담자균류에 속하는 버섯의 한 가지

14 금단金团: 찹쌀가루로 만든 속이 들어 있는 단자團子

토란가루, 백합가루
藕粉百合粉

토란가루는 스스로 간 것이 아니면 믿기 어렵다. 백합가루도 마찬가지이다.

藕粉非自磨者, 信之不真, 百合粉亦然.

마단자
麻团

찐 찹쌀을 찧어서 완자를 만든다. 깨소금을 설탕과 섞어 소를 만든다.

蒸糯米捣烂为团, 用芝麻屑拌糖作馅.

토란가루단자
芋粉团

간 토란가루를 햇볕에 말린다. 쌀가루와 함께 사용한다. 조천궁朝天宮 도사가 만든 우분단은 야생 닭을 소로 넣으면 가장 아름답다.

磨芋粉晒乾, 和米粉用之. 朝天宮道土製芋粉团, 野雞馅, 極佳.

연근
熟藕

연근은 구멍에 쌀을 채워 넣고 설탕을 넣고 직접 끓이면 국물도 맛있다. 밖에서 파는 것外卖者은 불을 피우고 난 잿물灰水을 많이 넣어 끓이기 때문에 맛이 변하여 먹을 수 없다. 필자는 부드러운 연근을 매우 좋아하는데 비록 부드럽더라도 씹히는 맛이 있어야 제 맛이다. 늙은 연근은 삶자마자 물러지기 때문에 맛이 없다.

> 藕须貫米加糖自煮, 并汤極佳. 外卖者多用灰水, 味変, 不可食也. 余性爱食嫩藕, 虽软熟而以齿决, 故味在也. 如老藕一煮成泥, 便無味矣.

햇밤, 햇마름
新栗新菱

햇밤新栗을 무르게 삶으면 잣의 향이 느껴진다. 요리사는 무르게 삶는 방법을 받아들이지 않는다. 고로 금릉 사람들은 죽을 때까지 그 맛을 모른다. 햇마름新菱도 마찬가지이다. 금릉 사람들은 마름을 익힐 때 옛날 방식을 따르려고 하기 때문이다.

> 新出之栗, 烂煮之, 有松子仁香. 厨人不肯煨烂, 故金陵人有终身不知其味者. 新菱亦然. 金陵人待其老方食故也.

연밥
莲子

복건성의 연밥建莲은 매우 귀한데 호남성의 연밥湖莲만큼 삶기가 쉽지는 않다. 대부분 살짝 익혀 심을 뽑아내고 껍질을 벗긴 후 끓는 물에 넣어 약한 불文火로 끓인다. 뚜껑을 닫고 중간에 열어보면 안 되고 불을 꺼뜨려도 안 된다. 향이 두 개 탈 정도의 시간 동안 끓인다. 즉 연밥이 익으면 단단한 것이 없어진다.

> 建莲虽贵, 不如湖莲之易煮也. 大概小熟, 抽心去皮, 後下汤, 用文火煨之,
> 闷住合蓋, 不可間视, 不可停火. 如此两炷香, 则莲子熟时, 不生骨矣.

토란
芋

10월의 맑은 날 토란씨芋子와 토란을 햇볕에 바싹 말려 짚 위에 놓아둔다. 얼어서 상하지 않도록 주의하고 봄에 삶아 먹는다. 자연의 단맛이 나는 것을 일반 사람들은 모른다.

> 十月天晴时, 取芋子, 芋头晒之極乾, 放草中, 勿使冻伤. 春间煮食, 有自然
> 之甘. 俗人不知.

소미인점심
萧美人點心

의진 남문 밖의 소미인萧美人[15]이 점심點心을 잘 만든다. 만두, 떡, 교자 등이다. 작고도 귀엽다. 깨끗한 것이 눈처럼 희다.

> 仪真南门外 萧美人善製點心, 凡馒头, 糕, 饺之类, 小巧可爱, 潔白如雪.

---

15 소미인萧美人: 청대의 유명한 점심點心 전문가

유방백월병
刘方伯月饼

산동성의 비면飞麪[16]으로 바삭거리는 피를 만든다. 잣, 호두, 해바라기 씨를 아주 곱게 갈고 얼음사탕 약간과 돼지기름으로 속을 만든다. 먹을 때 아주 달지는 않다. 향이 좋고 부드러우면서 윤이나니 매우 특별하다.

用山東飞麪, 作酥为皮, 中用松仁, 核桃仁, 瓜子仁为细末, 徵加冰糖和猪油作馅. 食之不觉甚甜, 而香松柔腻, 迥異寻常.

도방백의 열 가지 점심
陶方伯十景點心

매번 설날年節이 되면 도방백陶方伯 부인이 직접 열 가지의 점심을 만들었다. 모두 산동성의 비면으로 만든 것이다. 모양이 기이하고 형태가 신기하다. 오색이 다채롭고 먹으니 모두 달다. 사람들이 무엇을 먹어야 할지 모를 정도이다. 살제군이 이르길 "공방백의 십경 박병을 먹으면 천하의 박병을 모두 버려야 한다. 도방백이 죽은 후로 도방백 점심點心은 광릉산廣陵散[17]처럼 없어져 버렸다. 얼마나 슬픈 일인가?"라고 하였다.

每至年节, 陶方伯夫人手製點心十種, 皆山東飞麪所为. 奇形诡状, 五色纷披. 食之皆甘, 令人应接不暇. 萨制军云: "喫孔方伯薄饼, 而天下之薄饼可废; 喫陶方伯十景點心, 而天下之點心可废." 自陶方伯亡, 而此點心亦成廣陵散矣. 呜呼!

---

16 비면飞麪: 정제된 밀가루
17 광릉산廣陵散: 고대의 가야금곡

양중승서양병
杨中丞西洋饼

달걀흰자雞蛋清와 비면ㄴ麵에 물을 섞어 그릇에 담는다. 동자전铜夹剪[18]을 준비한다. 먼저 접시만 하게 병을 만든다. 위아래 겹친 부분이 0.3cm를 넘지 않게 한다. 동자전에 넣고 강한 불로 굽는다. 반죽하고, 틀에 넣고, 구우니 순식간에 병이 만들어진다. 면 종이 같이 맑다. 약간의 얼음사탕과 잣을 다져서 더한다.

> 用雞蛋清和飞麵杵稠水, 放碗中, 打铜夹剪一把, 头上作饼形如碟大, 上下两面, 铜合缝处不到一分. 生烈火撩稠水, 一糊, 一夹, 一熯, 顷刻成饼, 白如雪, 明如绵纸. 微加冰糖, 松仁屑子.

누룽지 튀김
白雲片

흰쌀로 만든 누룽지鍋巴는 면 종이처럼 얇다. 기름에 튀겨서 위에 흰 설탕을 조금 뿌리면 매우 바삭거린다. 금릉 사람들이 만든 것이 제일 정교하며, "백운편"이라고 부른다.

> 白米锅巴, 薄如绵纸. 以油炙之, 微加白糖, 上口極脆. 金陵人製之最精, 號 "白雲片".

---

18 동자전铜夹剪: 병餠을 만드는 기구로써 양면을 모두 구울 수 있고 손잡이가 있다.

풍호
风枵

쌀가루에 물을 넣어 잘 섞어 얇게 만들어 돼지기름에 튀겨 건져서 곱게 간 설탕을 뿌린다. 색이 서리 같다. 입에 넣으면 녹는다. 항주 사람들은 이것을 "풍호"라고 부른다.

> 以白粉浸透製小片，入猪油灼之，起锅時，加糖糁之，色白如霜，上口而化．
> 杭人號曰"风枵"．

삼층옥대고
三层玉带糕

순전히 찹쌀가루糯粉만으로 고를 만든다. 세 단계로 구분하여 한 켜는 쌀가루, 한 켜는 돼지기름, 한 켜는 설탕을 켜켜이 담아 쪄서 익힌 다음 자른다. 소주 사람들苏州人이 만드는 방법이다.

> 以纯糯粉作糕，分作三层；一层粉，一层猪油，白糖，夹好蒸之，蒸熟切开．
> 苏州人法也．

연고 만들기

운사고
运司[19]糕

로아우가 운사를 맡았을 때는 이미 노인이었다. 양주점에서 만든 고를 그에게 헌상하였더니 큰 상을 내렸다. 그 후로 운사고运司糕라고 불렸다. 색이 눈처럼 희다. 연지胭脂를 찍으니 복숭아꽃 같다. 설탕을 약간 넣어 속을 만드니 담백하여 아름다운 맛이 더해진다. 운사아문전점에서 만든 것이 좋으나 다른 점포에서 만든 것은 가루가 성글고 색이 조잡하다.

> 卢雅雨作运司, 年己老矣, 扬州店中作糕献之, 大加稱赏. 从此遂有"运司糕"之名. 色白如雪, 點胭脂, 红如桃花. 微糖作馅, 淡而彌旨. 以运司衙门前店作为佳. 他店粉粗色劣.

사고
沙糕

찹쌀가루를 쪄서 고를 만드는데 찹쌀가루에 깨소금과 설탕가루를 넣는다.

> 糯粉蒸糕, 中夹芝蔴, 糖屑.

소만두, 소혼돈
小馒头, 小馄饨

만두를 호두만 하게 만든 다음 찜통에 쪄서 먹는다. 젓가락 한 번에 한

쌍을 집을 수 있다. 양주 요리로 양주에서 발효시킨 것이 가장 좋다. 손가락으로 눌러도 채 2cm가 되지 않고 손가락을 놓으면 다시 올라온다. 작은 혼돈馄饨은 용안龙眼[20]만 하게 만든다. 닭 육수에 넣는다.

作馒头如胡桃大，就蒸笼食之．每箸可夹一双．扬州物也．扬州发酵最佳．
手捺之不盈半寸，放鬆仍隆然而高．小馄饨小始龙眼，用鸡汤下之．

설증고법
雪蒸糕法

매번 고운가루를 만들 때는 찹쌀 20%, 멥쌀 80%의 비율이 적당하다. 쟁반에 가루를 담고 찬물을 약간 뿌려 손으로 뭉쳐두면 모래알 같은 느낌이 든다. 굵은 깨를 내릴 정도의 체에 내린다. 나머지 자잘한 덩어리는 손바닥으로 비벼서 모두 내린 다음 먼저 나온 것과 나중에 나온 것을 고루 섞어 건조하거나 습하거나 마르지 않도록 수건을 덮어 바람이나 햇볕에 마르는 것을 방지한다. 물에 서양 설탕을 섞으면 더 맛있다. 가루를 섞는 방법은 시중의 침아고법과 동일하다.

석권과 석전을 아주 깨끗하게 씻어 준비한다. 참기름과 물을 섞어 행주를 담갔다 닦는다. 매번 찔 때마다 반드시 씻어둔다. 석권 안에 석전을 놓는다. 가루의 반을 가볍게 담는다. 속에 넣을 과류를 가볍게 중앙에 놓은 다음 가루로 석권을 가득 채우고 조심스럽게 평평하게 만든다. 물솥에 얹고 뚜껑에 기가 올라오는지 살펴본다. 먼저 석권을 들어내고 석전을 들어낸다. 두 곳에 모두 붉은 물감을 찍어 내간다.

---

20 용안龙眼: 상록교목, 잎은 두 층을 이룬다. 꽃은 황백색, 과실은 공 모양, 외피는 황갈색, 과육은 흰색이며 맛은 달다. 신선한 과일로, 말려서도 사용하며 한약재로도 사용한다.

물을 담은 그릇은 깨끗이 씻는 것이 좋고, 물은 솥의 어깨 정도까지 오게 적당히 부으면 된다. 솥의 물은 계속 끓이면 증발하기 때문에 주의해서 들여다본다. 끓는 물을 준비했다가 더 붓는다.

每磨细粉, 用糯米二分, 粳米八分为则, 一拌粉, 将粉置盘中, 用凉水细细洒之, 以捏则如团, 撒则如砂为度. 将粗麻筛筛出, 其剩下块搓碎, 仍于筛上尽出之, 前後和匀, 使乾濕不偏枯. 以巾覆之, 勿令风乾日燥, 聽用. 水中酌加上洋糖则更有味, 拌粉與市中枕儿糕法同. 一锡圈及锡钱, 俱宜洗剔極净. 临时略将香油和水, 布蘸拭之. 每一蒸後, 必一洗一成. 一锡圈内, 将锡钱置妥, 先鬆莊粉一小半, 将果馅輕置當中, 後将粉松装满圈, 輕輕攙平, 套湯瓶上蓋之, 視蓋口氣直衝为度. 取出覆之, 先去圈, 後去钱, 饰以胭脂.两圈 更遞为用. 一汤瓶宜洗净, 置汤分寸以及肩为度, 然多滚则汤易涸, 宜留心看视, 备热水頓添.

소병 만드는 법
作酥饼法

차게 굳힌 기름 한 사발, 끓는 물 한 사발을 준비하여, 먼저 기름과 물을 섞어 날가루에 넣고 주물러 반죽을 최대한 부드럽게 만들어 병 모양으로 민다. 겉에 쌀 반죽은 쪄서 익힌 가루에 기름을 넣어 반죽한다. 되지 않게 반죽한다. 그런 다음 날가루 반죽으로 호두만 하게 만들고 쪄서 익힌 면으로 반죽한 것도 대략 작은 무리만 하게 만든다.

다시 쪄서 익힌 면으로 만든 반죽을 날가루로 만든 반죽으로 싼다. 8촌 길이의 긴 병으로 민다. 너비는 2~3촌(약 7~10cm) 정도면 된다. 그런 다음 사발 모양으로 접어서 소를 넣고 싼다.

冷定脂油一碗, 开水碗, 先将油同水搅匀, 入生麪, 尽揉要软, 如捍饼一样, 外用蒸熟麪入脂油, 合作一处, 不要硬了. 然後将生麪作团子, 如核桃大, 将熟麪亦作团子, 略小一晕, 再将熟麪团子包在生面团子中, 捍成长饼, 长可八寸, 宽二三寸许, 然後折叠如碗样, 包上穰子.

천연병
天然饼

경양涇阳[21]의 장하당 명부가明府家에서 만든 천연병은 흰색 비면에 약간의 설탕과 돼지비계를 넣어 바삭거린다. 마음대로 잡아 당겨 사발만 하게 병을 만든다. 네모나게 만들거나 혹은 동그랗게 만들어도 상관없으나 두께는 0.6cm 정도가 되어야 한다. 알이 굵은 자갈을 깨끗이 씻어 불 위에 놓고 굽는다. 돌에 요철이 있으면 반죽에도 요철이 생긴다. 색이 노르스름하면 꺼낸다. 부드러운 것이 이상적이다. 혹은 소금을 조금 넣어도 무방하다.

涇阳张荷塘明府 家製天然饼, 用上白飞面, 加微糖及脂油为酥, 随意搦成饼样, 如碗大, 不拘方圆, 厚二分许. 用潔净小鹅子石, 襯而煨之, 随其自为凹凸, 色半黄便起, 鬆美異常. 或用淡盐亦可.

화변월병
花边月饼

명부가에서 만든 화변월병은 산동의 유방백의 솜씨가 아니다. 필자가

---

21 경양涇阳: 섬서성의 경양 일대지역

자주 그 댁의 여자 요리사를 가마로 모시고 와서 만들게 하고 만드는 것을 유심히 봤더니 비면에 날 돼지기름을 넣고 섞은 다음 누르고 접는 과정을 수 없이 반복하여 만들었다. 그런 다음 대추의 과육을 소로 넣고 밥그릇만 하게 자른 후 네 면의 가장자리를 누르면서 마름꽃 모양으로 만들었다. 위 아래를 모두 가열할 수 있는 기구火盆 두 개를 준비하여 굽는다. 대추는 껍질을 벗기지 않아야 신선하고 기름은 익히지 않은 생것을 사용한다. 입에 넣으면 달지만 느끼하지 않고 부드러우면서 막힘이 없다. 손으로 누르는 것이 기술이기 때문에 많이 누르면 누를수록 묘하다.

明府家製花边月饼, 不在山东刘方伯之下. 余尝以轿迎其女厨来園製造, 看用飞麪拌生猪油千团百搦, 才用枣肉嵌为馅, 裁如碗大, 以手搦其四边菱花样. 用火盆两个, 上下覆而炙之. 枣不去皮, 取其鲜也. 油不先熬, 取其生也. 含之上口而化, 甘而不腻, 鬆而不滞, 其工夫全在搦中, 愈多愈妙.

만두 만드는 법
製饅头法

우연히 신명부의 만두를 먹어 보았더니 희고 곱기가 눈 같고 표면은 빛이 났다. 북방에서 산출된 가루北麪를 사용했기 때문에 그럴 것이라고 했더니 용이 "그렇지 않다. 밀가루가 남면이든지 북면이든지 간에 상관없이 단지 곱게 체로 치면 된다. 체에 다섯 번 정도 치니 자연스럽게 희고도 고운 가루가 되기 때문에 북면을 사용할 필요가 없다."고 하였다. 오히려 발효시키는 것이 가장 어렵기 때문에 요리사庙人를 불러와서 가르침을 청하여 배웠지만 결국은 이해하지 못했다.

偶食新明府饅頭, 白细如雪, 面有银光, 以为是北面之故. 龙云: 不然, 麴不分南北, 只要罗得極细, 罗筛至五次, 则自然白细, 不必北麴也. 惟做酵最难. 请其庖人来教, 学之卒不能鬆散.

양주홍부종자
扬州洪府粽子

홍부에서 종자를 만들 때는 최고 품질의 찹쌀을 구하여 쌀알이 깨진 것은 버리고, 쌀알이 완전하여 길고 흰 것만을 사용한다. 찹쌀은 깨끗이 씻어서 완전히 익힌 다음 대나무 잎에 찹쌀밥을 놓고 가운데에 화퇴 덩어리 큰 것 한 개를 놓고 완전히 싸서 하루 종일 끓인다. 불이 꺼지지 않도록 땔감을 계속 넣어주면 먹을 때 부드럽고 따뜻한 고기와 찹쌀이 조화를 이룬다. 옛사람들은 화퇴와 비계만 곱게 다져 찹쌀에 넣기도 하였다.

洪府製粽, 取頂高糯米, 捡其完善长白者, 去其半颗散碎者, 淘之極熟, 用大箬葉裹之, 中放好火腿一大块, 封锅闷煨一日一夜, 柴薪不断. 食之滑腻温柔, 肉與米化. 故云: 即用火腿肥者斩碎, 散置米中.

밥·죽류
【饭粥单】

죽과 밥은 근본이고 기타 요리는 부수적이다. 근본이 서야 도가 생겨나기 때문에[1] 반죽단을 짓는다.

粥饭本也, 餘菜末也. 本立而道生. 作饭粥单.

밥
饭

왕망王莽은 "소금은 백 가지 안주 중에 제일이다."라고 하였는데, 필자는 "밥이 백 가지 맛 중에 제일이다."라고 생각한다. 《시경诗經·대아大雅·생민生民》에 "쌀을 씻어서 밥을 찐다释之溲溲, 蒸之浮浮[2]"라고 하였으니 옛 사람들은 밥을 쪄서 먹었기 때문에 물이 쌀과 어우러지지 않는 것을 혐오하였다. 밥을 잘 짓는 사람은 쌀에 물을 부어 끓여서 밥을 지었어도 찐 것과 같이 옛날처럼 밥알이 분명해야 입에 넣었을 때 부드러우면서도 찰기가 있다고 하였다. 이렇게 되려면 네 가지의 비결이 있다.

한 가지는 쌀이 좋아야 한다. 쌀의 품종이 향도香稻이거나, 동상冬霜 혹

---

1 군자무본君子務本, 본립이도생本立而道生: 《논어論語·학이學而》
2 석지수수釋之溲溲, 증지부부蒸之浮浮: 《시경诗經·대아大雅》

은 만미晚米이거나 관음선观音籼, 아니면 도화선桃花籼이어야 한다. 도정할 때는 껍질이 남지 않도록 완벽하게 도정해야 하고 장마철에는 바람이 잘 통하게 하여 쌀에 곰팡이가 생기지 않도록 한다. 두 번째는 잘 씻어야 한다. 쌀을 씻을 때는 힘을 아끼면 안 된다. 손으로 비비고 마찰시킨 후 물을 부으면 쌀이 들어 있는 바구니를 통과한 물의 색깔이 맑아야 하고 다시는 쌀뜨물이 나오지 않게 한다. 세 번째는 불의 사용에 관한 것이다. 먼저 센 불로 끓이고 나중에 약한 불로 뜸을 들이는 것이 좋다. 네 번째는 쌀에 물을 붓는 일이다. 물이 많아도 안 되고 적어도 안 된다. 물기가 말라도 안 되고 많아도 안 된다. 부자들은 밥은 신경을 안 쓰고 요리에만 신경을 쓰는 것을 종종 본다. 이는 곁가지를 쫓느라 근본을 잃어버린 일이기 때문에 정말로 가소롭다. 필자는 '탕에 말은 밥湯浇饭'을 안 좋아한다. 이는 밥의 근본 맛을 잃어버리는 것이다. 탕이 정말로 맛있다면, 차라리 탕을 한 모금 마시고 밥을 먹는 것이 낫다. 탕과 밥을 나누어서 먹으면 그 아름다움이 꽉 찬다. 부득이 차를 이용해야 한다면 끓는 물로 차를 우려낸다. 그러면 오히려 밥의 진정한 맛을 빼앗기지 않는다. 밥맛은 백 가지 맛 중에 제일이다. 맛을 아는 자는 밥만 맛있으면 다른 반찬이 필요 없다.

217

王莽云: "盐者百肴之将." 余则曰: "饭者百味之本."《诗》稱: "释之溲溲, 蒸之浮浮."是古人亦喫蒸饭, 然终嫌米汁不在饭中. 善煮饭者, 虽煮如蒸, 依舊颗粒分明, 入口软糯. 其诀有四: 一要米好, 或"香稻", 或"冬霜", 或"晚米", 或"观音籼", 或"桃花籼", 春之極熟, 霉天风摊播之, 不使惹霉发疹.
一要善淘, 淘米时不惜工夫, 用手揉擦, 使水从箩中淋出, 竟成清水, 無復米色. 一要用火, 先武後文, 闷起得宜. 一要相米放水, 不多不少, 燥湿得宜. 往往见富贵人家, 讲菜不讲饭, 逐末忘本, 真为可笑. 余不喜湯浇饭, 恶失饭之本味故也. 湯果佳, 寧一口喫汤, 一口喫饭, 分前後食之, 方两全其美. 不得已, 则用茶, 用开水淘之, 猶不夺饭之正味. 饭之百在百味之上; 知味者, 遇好饭不必用菜.

죽

粥

물이 보이고 쌀이 보이지 않으면 죽이 아니며, 쌀이 보이고 물이 보이지 않아도 죽이 아니다. 반드시 물과 쌀이 어우러져 부드럽고 매끄럽게 하나가 되어야 한다. 그래야 죽이라고 할 수 있다. 윤문단尹文端공이 말하길, "사람이 죽을 기다려야지, 죽이 사람을 가다리면 안 된다寧人等粥, 毋粥等人."고 했는데 이 말은 정말로 명언이다. 시간이 지체되면 맛이 변하고 탕이 마르기 때문에 이것을 방지하기 위함이다. 최근에는 오리죽이라는 것이 있는데 이것은 죽에다 고기 비린내를 넣는 것이고, 팔보죽은 여러 가지 과류를 넣는 것인데 이는 죽의 진정한 맛을 잃게 하는 것이다. 부득이 넣어야 한다면 여름에는 녹두, 겨울에는 기장쌀을 넣는다. 오곡에 오곡을 넣는 것은 그래도 괜찮다. 필자는 모 관찰가의 집에서 자주 밥을 먹는데 여러 가지 요리는 잘 만들지만 밥과 죽이 매우 조악하다. 단지 먹어야 하기 때문에 삼키기는 하지만 집에 돌아오면 한바탕 배탈이 난다. 필자는 자주 농담하듯이 사람들에게 "오장의 신이 어려움에 빠졌기 때문에 나는 조악한 밥이나 죽을 참을 수 없다."고 말했다.

见水不见米, 非粥也; 见米不见水, 非粥也. 必使水米融洽, 柔腻如一, 而後谓之粥. 尹文端公曰: "寧人等粥, 毋粥等人."此真名言, 防停顿而味变汤乾故也. 近有为鸭粥者, 入以荤腥; 为八宝粥者, 入以果品: 俱失粥之正味. 不得已, 则夏用绿豆, 冬用黍米, 以五穀入五穀, 尚属不妨. 余常食于某观察家, 诸菜尚可, 可而饭粥粗糲, 勉强咽下, 归而大病. 常戏语人曰: 此是五藏神暴落难, 難時故自禁受不得.

차 · 슬류
【 茶酒单 】

일곱 그릇에 바람이 일고, 한 잔에 세상을 잊을 수 있으니 육청[1]을 마시지 않으면 안 된다. 이에 다주단을 짓는다.

七碗生风, 一杯忘世, 非饮用六清不可. 作茶酒单.

차
茶

좋은 차를 마시고 싶으면 먼저 좋은 물을 저장해 두어야 한다. 물은 적당히 차가운 회천惠泉[2]물이 제일 좋다. 그러나 일반 사람들이 어떻게 역참을 설치하여 회천수를 떠올 수 있겠는가? 그 다음 빗물이나 눈 녹은 물雪水은 처음엔 그 맛이 매워서 오랫동안 두어야 단맛이 난다. 필자는 천하의 모든 차를 다 맛보았으나 무이산武夷山 정상에서 산출되며 우려냈을 때 백색이 되는 차가 제일이었다. 그러나 이 차는 황제에게 공품으로 올리기에도 그 양이 부족했으니 하물며 민간에서는 어떻게 얻을 수 있었겠는가?

그 다음은 용정龙井차만한 게 없다. 청명 전에 딴 것을 '연심'이라고 부

---

1 육청六清: 수水, 장浆, 례醴, 량醸, 의医, 이酏《주례周禮 · 천관天官》
2 회천惠泉: 절강성 무석현의 회천산에서 나오는 물

차 우려내는 모습

르는데 맛이 매우 담백하여 차를 우릴 때 많이 넣어야 맛이 절묘하다. 곡우 전雨前에 순 한 개와 잎 한 개ー旗ー枪를 따서 우려내면 차 색깔이 푸르기가 백옥 같다.

차의 보관 방법은 반드시 작은 종이에 싸야 한다. 종이 한 장에 4량 (140g)의 차를 담고 석회단지에 넣어둔다. 10일이 지난 다음 단지 속의 석회를 갈아주고 단지의 주둥이를 종이로 봉한다. 그렇지 않으면 향도 새어나가고 맛도 변한다. 물을 끓일 때는 센 불로 끓이는데 천심관穿心罐[3]을 이용하면 물이 끓자마자 바로 차로 우려낸다. 물이 오래 끓으면 맛이 변한다. 끓기를 멈추었다가 다시 차를 우려내면 찻잎이 떠오른다. 차는 우려내자마자 마셔야 한다. 뚜껑을 덮어 놓아도 또 맛이 변한다. 물을 끓여서 차를 우려낼 때 조금이라도 틈이 있어서는 안 된다.

산서 사람 배중승이 차를 마셔보고 사람들에게 말하기를 "내가 어제 원매袁枚의 별장인 수원隨園에 들렀다가 좋은 차 한 잔을 마셔보았다. 오호라! 내가 산서 사람이라 이런 말을 할 수 있는데, 항주에서 자란 사대부들

---

3 천심관穿心罐: 중간이 요철형으로 된 차를 끓이는 다구

은 벼슬살이를 들어가기만 하면 차를 우려내는데ㅡ熬茶 차의 맛은 한약 같고 그 색은 피와 같다. 이것은 단지 기름기로 뭉쳐진 사람이 빈랑檳榔⁴을 먹는 일에 불과하니 얼마나 속된 일인가?"라고 하였다. 필자의 고향에는 용정차 외에도 마실 것이 있으니 뒤에 열거하겠다.

무이차
武夷茶

필자는 무이차를 좋아하지 않는다. 한약을 마시는 것과 같이 진하고 쓴맛이 나기 때문에 싫어한다. 그런데 병오년 가을에 무이산에 놀러 갔을 때 만정봉, 천유사에 갔었다. 이 두 곳에서 승려가 앞 다투어 이 차를 주었는데 찻잔은 호두만 하고, 차 주전자는 운남성 과일 향연香櫞만 했다. 차 주전자에 채 1량(약 37.5g)도 안 되는 차를 우려냈는데 차를 입 가까이 대자

---

4 빈랑檳榔: 야자과에 속하는 상록교목常綠喬木 또는 그 열매

마자 참을 수 없어 한 입에 마셔버렸다. 먼저 향을 맡고 다시 그 맛을 음미하고, 찻잎을 천천히 느껴보니 과연 맑은 향이 코를 찌르고 혀에 단맛이 남는다. 몇 잔 마신 다음 다시 한두 잔 마시니 사람으로 하여금 조급한 마음이 사라지고釋躁 오만한 마음이 없어져 마음이 편안해지면서 기쁜 마음怡情悅性이 들게 하였다. 이로써 용정차가 비록 맑기는 하나 얕은맛이 나는 것을 느끼게 되었고 양모차는 비록 좋기는 하지만 여운이 부족하다는 것을 알게 되었다. 옥과 수정을 비교해 보았을 때 품격이 다른 것과 마찬가지다. 그러므로 무이차는 천하에 명성이 자자한데 그것이 과장된 것이 아니다. 또 세 차례나 더 우려내도 그 맛이 오히려 다함이 없다.

余向不喜武夷茶, 嫌其浓苦如饮药. 然丙午秋, 余游武夷, 到曼亭峰, 天游寺诸处. 僧道争以茶献. 杯小如胡桃, 壶小如香橼, 每斟无一两. 上口不忍遽咽, 先嗅其香, 再试其味, 徐徐咀嚼而体贴之. 果然清芬扑鼻, 舌有余甘. 一杯之後, 再试一二杯, 令人释躁平矜, 怡情悦性. 始觉龙井虽清而味薄矣, 阳羡虽佳 而韵逊矣. 颇有玉与水晶, 品格不同之故. 故武夷享天下盛名, 真乃不忝. 且可以瀹至三次, 而其味犹未尽.

용정차
龍井茶

항주의 산에서 나는 차다. 모든 차가 다 맑으나 용정차龍井茶가 제일이다. 매번 고향에 가서 성묘上塚할 때 분묘를 관리하는 사람들이 차를 한 잔 준다. 물이 맑고, 차가 녹색이다. 돈이 아무리 많아도 마셔 볼 수 없는 차다.

杭州山茶, 處處皆淸, 不過以龍井爲最耳. 每還鄉上塚見管墳人家送一杯茶, 水淸茶綠, 富貴人所不能喫者也.

상주 양모차
常州阳羡茶

양모차는 푸른빛이 깊고, 참새의 혀처럼 생겼다. 또 큰 쌀알만 하다. 맛을 비교해 보니 용정차보다 약간 진하다.

阳羡茶, 深碧色, 形如雀舌, 又如巨米. 味较龙井略浓.

동정 군산차
洞庭君山茶

동정洞庭 군산에서 나오는 차로 색과 맛은 용정차와 비슷하나, 잎이 약간 넓고 짙은 녹색이다. 제일 작은 잎을 딴다. 방류천方毓川 순무가 두병을 주었는데 과연 좋은 차였다. 후에 어떤 사람이 또 차를 주었는데 진짜 군산의 차는 아니었다. 이외에도 육안六安의 은침銀鍼, 모첨毛尖, 매편梅片, 안화安化 등이 있었으나 군산차보다는 질이 떨어진다.

洞庭君山出茶, 色味與龍井相同, 葉微寬而綠過之. 採掇最少. 方毓川撫軍曾惠兩瓶, 果然佳絶. 後有送者, 俱非眞君山物矣. 此外如六安, 銀針, 毛尖, 梅片, 安化, 概行黜落.

술

酒

필자는 원래 술을 좋아하는 성격은 아니지만 술에 대한 요구律酒는 높기 때문에 오히려 술의 오묘함에 대하여 깊이 안다. 지금은 소흥주紹興酒가 유행인데 창주滄酒의 맑은 술, 남순의 독한 술潯酒, 사천의 깨끗한 술이 어찌 소흥주보다 못하다고 할 수 있는가? 무릇 술은 노인과 명망이 높은 유학자耆老宿儒처럼 오래될수록 귀하다. 술 단지를 처음 여는 사람은 가장 운이 좋은 사람이다. 속담에서도 "술은 처음 열었을 때가 맛있고 차는 우려낼수록 맛있다酒头茶脚"고 하였다. 술은 제대로 안 데워지면 차고, 너무 뜨겁게 데우면 맛을 알 수 없다. 술은 불 옆에 두면 맛이 변하므로 반드시 불과는 간격을 두어 물에 중탕한다. 술 단지 주둥이는 꼭 막아서 기가 새어나가지 않게 해야 좋다. 마셔볼 만한 가치가 있는 술 몇 가지를 열거하고자 한다.

余性不近酒, 故律酒过严, 转能深知酒味. 今海内动行绍兴, 然沧酒之清, 潯酒之冽, 川酒之鲜, 岂在绍兴下哉! 大概酒似耆老宿儒, 越陈越贵, 以初开鐔者为佳. 谚所谓: "酒头茶脚"是也. 顿法不及则凉, 太过则老, 近火则味变, 须隔水燉, 而谨塞其出气处才佳. 取可饮者, 并列于後.

금단우주

金坛于酒

우문양공의 집에서 만든 술로써 단 것과 떫은 것 두 가지가 있는데 떫은 것이 술맛이 더 좋다. 아주 맑고 색은 소나무 꽃 같다. 맛은 소흥주와 비슷하지만 소흥주보다 맑다.

> 于文襄公家所造, 有甜, 澀二種, 以澀者为佳. 一清徹骨, 色若松花, 其味略
> 似绍兴, 而清冽过之.

덕주로주
德州卢酒

로아우 전운가에서 만든 것이다. 색깔은 금단우주와 같고 맛은 금단우주보다 깊은 맛이 난다.

> 卢雅雨转运家所造, 色如于酒, 而味略厚.

사천비통주
四川郫[5]筒酒

비통주郫筒酒는 아주 맑고 독하다. 마시면 배즙과 고구마즙 같아서 술인줄 모른다. 사천, 그 먼곳에서 왔어도 술맛이 변한 것이 드물다. 필자는 비통주를 일곱 번 마셔보았는데 오로지 양립호 자사刺史의 집에서 목패木牌에 넣어 가지고 왔던 것이 제일 맛이 좋았다.

> 郫筒酒, 清冽彻底, 饮之如梨汁蔗浆, 不知其为酒也. 但从四萬里而来, 鲜
> 有不味变者. 余七饮郫筒, 惟杨笠湖刺史木簰上所带为佳.

---

5 비郫: 사천성에 있는 강 이름

소흥주
绍兴酒

소흥주는 청렴한 관리라고 해도 조금의 의심도 없다. 그 맛이 진실하여, 또 고매한 인격을 갖춘 명사로써 인간 세상의 일을 모두 경험한 것 같이 깊은 맛이 난다. 소흥주는 5년이 안 된 것은 마실 수 없고 떠다 놓은 물이 5년이 지난 것도 마실 수 없다. 필자는 늘 소흥주를 명사라고 부른다. 소주 중에서 가장 빛난다.

绍兴酒, 如清官廉吏, 不参一毫假, 而其味方真. 又如名士耆英, 长留人间, 阅尽世故, 而其质愈厚. 故绍兴酒, 不过五年者不可饮; 参水者亦不能过五年. 余常称绍兴为名士, 烧酒为光棍.

호주 남순주
湖州南浔[6]酒

호주湖州 남순주는 맛은 소흥주와 비슷하나 소흥주보다 맑고 독하다. 또 3년이 지나면 더 좋다.

湖州南浔酒, 味似绍兴, 而清辣过之. 亦以过三年者为佳.

상주 난릉주
常州兰陵酒

당시唐詩에 "난릉兰陵의 아름다운 술은 울금 향기, 옥잔에 가득 부으니

---

6 남순南浔: 지금의 절강성 호주에 있는 지역명

호박 빛깔兰陵美酒郁金香, 玉椀盛来琼拍光"이라는 구절이 있다. 필자가 상주의 상국相国[7] 유문정공刘文定公을 만났을 때 8년짜리 오래된 술陈酒을 마셨는데 호박琥珀처럼 빛났다. 과연 그 맛이 매우 농하여 맑은 기운이 오랫동안 남아 있는 것을 보니 이보다 더 맑은 것은 없을듯 하다.

무석주 이야기까지 해야 하겠는데, 무석주는 천하제이천에서 만들어 온 것이니 원래 좋은 술이었다. 그러나 장사하는 사람들 때문에 깊은 맛과 순박함이 사라졌으니 이 얼마나 애석한 일인가. 그럼에도 불구하고 아직도 좋다고 하는 사람들이 있는데 공교롭게도 필자는 아직 마셔보지 못했다.

唐诗有"兰陵美酒郁金香, 玉椀盛来琼拍光"之句. 余过常州相国刘文定公, 饮以八年陈酒, 果有琥珀之光. 然味太浓厚, 不復有清远之意矣. 宜兴有蜀山酒, 亦復相似. 至于無锡酒, 用天下第二泉所作, 本是佳品, 而被市井人苟且为之, 遂至浇淳散朴, 殊可惜也. 据云有佳者, 恰未曾饮过.

율양 조반주
溧阳鸟飯酒

필자는 평소 술을 마시지 않는다. 병술년丙戌年[8]에 율수溧水의 엽씨 성을 가진 비부比部라는 관직을 맡은 집에 가서 조반주를 마셨다. 16잔을 마시니 옆에 있던 사람이 놀라서 필자에게 그만 마시라고 하였으나 더욱이 참지 못했다. 그 색은 아주 검고, 맛은 달고 깨끗하였다. 그 절묘함을 입으로 설명할 수가 없다. 듣자하니 율수의 풍속상 딸을 낳으면 이 술을 한 단지 담아 청정반青精飯으로 삼고 딸이 시집갈 때 비로소 이 술을 마실 수 있다고

---

7 상국相国: 재상宰相
8 병술년丙戌年: 1766년

한다. 따라서 가장 빨리 마신다 해도 15~16년이 걸린다. 술 단지를 열면 술이 반만 남아 있다. 술이 입이 달라붙고 향기는 집 밖에서도 맡을 수 있다.

余素不饮. 丙戌年, 在溧水叶比部家, 饮乌饭酒, 至十六杯, 傍人大骇, 来相劝止. 而余猶颓然, 未忍释手. 其色黑, 其味甘鲜, 口不能言其妙. 據云溧水风俗: 生一女, 必造酒一罈, 以青精饭为之. 俟嫁此女, 才饮此酒. 以故極早亦须十五六年, 打瓮时只剩半罈, 質能膠口, 香聞室外.

소주 진삼백주
苏州陈三白酒

건륭 30년(1766), 필자는 소주에 있는 주막엄周慕庵의 집에서 이 술을 마셔보았는데 술 맛이 깨끗해서 좋았다. 술이 입술에 달라붙었다. 잔을 가득 채워도 흘러넘치지 않았다. 14잔을 마실 때까지도 무슨 술인지 몰랐다. 주인에게 물었더니 '이미 십여 년 된 삼백주'라고 한다. 필자가 좋아한다고 다음날 한 단지 보내왔기에 다시 한 번 마셔보았더니 전 날과는 술맛이 전혀 달랐다. 세상에 좋은 술을 만나기가 정말 어렵구나. 정강성郑康成[9]이 《주례周禮》의 앙제盎齐[10]에 주석을 달기를 "넘쳐 흐르니 지금의 백주 같구나."라고 하였는데 이 술이 아닌가 의심된다.

乾隆三十年, 余饮于苏州周慕庵家. 酒味鲜美, 上口粘唇, 在杯满而不溢. 饮至十四杯, 而不知是何酒. 问之, 主人曰: "陈十余年之三白酒也."因余爱之, 次日再送一罈来, 则全然不是矣. 甚矣! 世间尤物之难多得也. 按郑康成《周官》註"盎齐"云: "盎者翁翁然, 如今赞白."疑即此酒.

---

9 정강성郑康成: 정현鄭玄으로 동한시대의 경학자
10 앙제盎齐:《주례周禮·천관天官》

금화주
金华[11]酒

금화주는 소홍주만큼 맑고 떫은맛도 없다. 여정女贞[12]과 같이 단맛이 나지만 촌스러운 맛은 없다. 이 또한 오래된 것이 좋다. 이는 금화金华일대의 물이 맑은 까닭이다.

> 金华酒, 有绍兴之清, 無其涩; 有女贞之甜, 無其俗. 亦以陈者为佳, 蓋金华一路, 水清之故也.

산서분주
山西汾酒

소주烧酒를 마실 때는 독한 것이 제일이다. 분주汾酒[13]는 소주烧酒 중에 제일 독하다. 필자는 소주가 사람으로 치자면 장정이고, 마을 안에서는 엄격한 관리酷吏라고 생각한다. 방아를 찧을 때擂臺 장정이 아니면 안 되고 도둑을 잡을 때 엄격한 관리가 아니면 안 되듯 풍한증을 없애거나 적체를 해소해주는 일은 소주가 아니면 할 수 없는 일이라고 생각한

취음도

다. 분주보다 한 단계 아래는 산동의 고량高粱으로 만든 소주가 그 다음이

229

---

11 금화金华: 지금의 절강성 금화지역

12 여정女贞: 황주 계통의 술이다. 절강지역에서는 아기를 낳으면 황주를 담아서 밀봉하여 두었다가 그 아이가 자라서 결혼할 때 개봉한다. 딸을 낳고 담는 술은 여정주女贞酒이라 하고, 아들을 낳고 담는 술은 장원홍壯元紅이라 부른다. 오랜 시간을 두었다 마시기 때문에 향이 아주 좋다.

13 분주汾酒: 산서山西 행화촌杏花村의 술

다. 10년간 보관해 두면 술이 녹색이 되고 한 모금 마시니 단맛이 난다. 장정이 시간이 오래 흘러 강한 힘이 없어진 것과 같으니 특별히 친구를 해도 될 것이다.

필자는 동이수童二樹가에서 소주 담그는 것을 자주 보았는데 소주 10근에(600g) 구기자枸杞 4량(140g), 창술蒼術 2량(70g), 파극천巴戟天 1량(37.5g)을 천에 싸서 술에 한 달간 담가놓으면 술 단지의 뚜껑을 열었을 때 향이 매우 진했다. 돼지머리猪頭, 양꼬리羊尾, 도신육跳神肉[14]을 먹을 때는 소주가 없으면 안 된다. 요리마다 어울리는 술이 각각 따로 있다. 이외에도 소주蘇州의 여정女貞, 복정福貞의 원조元燥, 선주宣州의 두주豆酒, 통주通州의 조아홍棗兒紅 등은 모두 유행을 타는 술이 아니다. 가장 가치가 없는 술은 양주揚州의 목과木瓜이다. 입에서 속된 맛이 느껴진다.

既喫燒酒, 以狼為佳. 汾酒乃燒酒之至狼者. 余謂燒酒者, 人中之光棍, 縣中之酷吏也. 打礁臺, 非光棍不可; 除盜賊, 非酷吏不可; 驅風寒, 消積滯, 非燒酒不可. 汾酒之下, 山東膏粱燒次之, 能藏至十年, 則酒色變綠, 上口轉甜, 亦猶光棍做久, 便無火氣, 殊可交也, 常見童二樹家泡燒酒十斤, 用枸杞四兩, 蒼術二兩, 巴戟天一兩, 布紮一月, 開甕甚香. 如喫豬頭, 羊尾, "跳神肉"之類, 非燒酒不可, 亦各有所宜也. 此外如蘇州之女貞, 福貞, 元燥, 宣州之豆酒, 通州之棗兒紅, 俱不入流品; 至不堪者, 揚州之木瓜也, 上口便俗.

---

14 도신육跳神肉: 조신跳神은 만주에서 행하는 예의 일종이다. 제사 때 돼지를 머리부터 꼬리까지 부위별로 잘라 삶은 다음 제사를 지낼 때는 돼지 모양으로 갖추어 놓고 제사가 끝나면 사람들이 자리에 앉아 잘라 먹는 돼지고기 요리이다.

부록 ─ 수원식단 원문

嘉慶元年新鐫

隨園食單

小倉山房藏板

隨園食單序

詩人美周公而曰籩豆有踐凡伯而曰彼疏斯
粺古之於飲食也若是重乎他若易稱鼎烹
書稱鹽梅鄉黨內則瑣瑣言之則孟子雖賤飲食
之人而又言飢渴未能得飲食之正可見凡事
須求一是處都非易言中庸曰人莫不飲食也
鮮能知味也典論曰一世長者知居處三世長
者知服食古人進鬐離肺皆有法焉未嘗苟且
子與人歌而善必使反之而後和之聖人於一藝
之微善必取於人也如是余雅慕此旨每食於某
氏而飽必使家廚往彼竈觚執弟子之禮
四十年來頗集眾美有學就者有十分中得六
七者有僅得二三者亦有竟失傳者余都問其
方略集而存之雖不甚省記亦載某家某味以
志景行自覺好學之心理宜如是雖死法不足以限生廚名手作書亦多出入

233

隨園食單　卷一序

于敬祇然能率由舊章終無大謬盖時哉若其
易指名或曰人心不同各如其面子能必天下
之口皆予之口乎曰執柯以伐柯其則不遠吾
雖不能強天下之口與吾同嗜而姑且推已及
物則食飲雖微而吾於忿之道則已盡矣吾
何憾哉若夫說郛所載飲食之書三十餘種屑
公笑翁亦有陳言僧僧親試之皆閼于鼻而哲于
口大半陋儒附會吾無取焉

中國烹調之法 計分
下列各種

(一)煑燻 (二)蒸 (三)炒 (四)燉
(五)拌 (六)拌 (七)湯 (八)炸
(九)熘 (十)燴 (十一)煮 (十二)
烤 (十三)煎 (十四)糟 (十五)
醉

西洋烹調之法僅煮烤煎

須知單　學問之道先知而後行也飲食亦然作須知單

一先天須知

凡物各有先天如人各有資稟人性下愚雖孔
孟教之無益也物性不良雖易牙烹之亦無味
也指其大略豬宜皮薄不可醝腥雞宜騸嫩不
可老鯽魚以扁身白肚為佳烏背者必槎枒
於盤中鰻魚以湖溪游泳為貴江生者必槎枒
其骨節穀餵之鴨其膔肥而白色蓴土之筍其
節少而甘鮮一火腿也而好醜判若天淵同
一台鯗也而美惡分為氷炭其他雜物可以類
推大抵一席佳餚司廚之功居其六買辦之功
居其四

一作料須知

廚者之作料如婦人之衣服首飾雖有天姿
雖善塗抹而敝衣藍縷西子亦難以為容善烹
調者醬用伏醬先嘗甘否油用香油須審生熟

酒用酒娘應去糟粗醋用米醋須求清洌且醬
有清濃之分油有葷素之別酒有酸甜之異醋
有陳新之殊不可絲毫錯誤其他蔥椒薑桂糖
鹽雖用之不多而俱宜選擇上品蘇州店賣秋
油有上中下三等鎮江醋顏色雖佳味不甚酸
失醋之本旨矣以板浦醋為第一浦口醋次之

一洗刷須知

洗刷之法燕窩去毛海參去泥魚翅去沙鹿筋
去臊肉有筋瓣剔之則酥鴨有腎臊削之則淨
魚膽破而全盤皆苦鰻涎存而滿碗多腥韭刪
葉而白存菜棄邊而心出內則白魚去乙鱉去
醜此之謂也諺云若要魚好喫洗得白筋出亦
此之謂也

一調劑須知

調劑之法相物而施有酒水兼用者有專用酒
不用水者有專用水不用酒者有鹽醬並用者

有事用清醬者有用鹽者不用醬亦不用鹽者有句物
大膩要用油先炙者有氣大腥要用醋先噴者
有取鮮必用冰糖者有以乾燥為貴者使其味
入於肉內煎炒之物是也有以湯多為貴者使其
味溢于外清浮之物是也

○一配搭須知

諺曰女記夫記凡一物烹成必需輔佐要使清者配
清濃者配濃柔者配柔剛者配剛方有和合之
妙其中可葷可素者蘑菇鮮筍冬瓜是也可葷不可
素者蔥韭茴香新蒜是也可素不可葷者
芹菜百合刀豆是也常見人置蟹粉于燕窩之
中放百合于雞豬之肉也常見人以燒簋與燕窩對坐
不太悖乎亦有交互見功者炒葷菜用素油炒
素菜用葷油是也

○一獨用須知

隨園食單　卷二須知單　　三

味太濃重者只宜獨用不可搭配如李贊皇張
江陵一流須專用之方盡其才食物中鰻也鱉
也蟹也鰣魚也牛羊也皆宜獨食不可加配
何也此數物者味甚厚力甚大而流弊亦甚
多用五味調和全力治之而不足海參魚翅之
弊何嘗撤其本題別生枝節我見覺曉金陵人好以海
參配甲魚魚翅配蟹粉我見覺曉眉覺甲魚蟹
粉之味海參魚翅之弊

○一火候須知

甲魚蟹粉染之而有餘

熟物之法最重火候有須武火者煎炒是也火
弱則物疲矣有須文火者煨煮是也火猛則物
枯矣有先用武火而後用文火者收湯之物是
也性急則皮焦而裏不熟矣有愈煮愈嫩者腰
子雞蛋之類是也肉起遲則紅色變黑魚起遲則活肉
之類是也肉起遲則紅色變黑魚起遲則活肉

隨園食單　卷二須知單　　四

隨園食單　卷一　須知單

變死屍鬧鍋蓋則多漆而少香火息再燒則走
油而味失道人以丹成九轉爲仙儒家以無過
不及爲中司廚者能知火候而謹伺之則幾于
道矣魚臨食時色白如玉凝而不散者活肉也
色白如粉不相膠粘者死肉也明明鮮魚而使
之不鮮可恨已極

一色臭須知
目與鼻口之鄰也亦口之媒介也嘉肴到口到
鼻芳之氣亦撲鼻而來不必齒決之舌嘗之而
後知其妙也然求色不可用糖炒求香不可用
香料

一遲速須知
凡人請客相約於三日之前自有工夫章平百
味若斗然客至急需便餐作客在外行船落店
此何能取東海之水救南池之焚予必須預備

一種急就烹之菜如炒雞片炒肉絲炒蝦米豆
腐及糟魚蝦腿之類反能因速而見巧者不可
不知

隨園食單　卷一　須知單

一變換須知
一物有一物之味不可混而同之猶如聖人設
教因才樂育不拘一律所謂君子成人之美也
今見俗廚動以雞鴨豬鵝一湯同滾遂令千手
雷同味同嚼蠟吾恐雞豬鵝鴨有靈必到枉死
城中告狀矣善治菜者須多設鍋竈盂鉢之類
使一物各獻一性一碗各成一味嗜者舌本應
接不暇自覺心花頓開

一器具須知
古語云美食不如美器斯語是也然宣成嘉萬
窯器太貴頗愁損傷不如竟用御窯已覺雅
麗惟是宜碗者碗宜盤者盤宜大者大宜小者
小參錯其間方覺生色若板板于十碗八盤之

小煎炒宜盤湯羹宜碗煎煤宜鐵鍋煨煮宜砂
鑔

說便嫌萊俗大抵物貴者器宜大物賤者器宜

一上菜須知

上菜之法鹽者宜先淡者宜後濃者宜先薄者
宜後無湯者宜先有湯者宜後且天下原有五
味不可以鹹之一味鹽之度客食飽則脾困矣
須用辛辣以振動之慮客酒多則胃疲矣須用
酸甘以提醒之

一時節須知

夏日長而熱宰殺太早則肉敗冬日短而寒
烹飪稍遲則物生矣冬宜食牛羊移之于夏非
其時也夏宜食乾臘移之于冬非其時也輔佐
之物夏宜用芥末冬宜用胡椒當三伏天而得
冬醃菜賤物也而竟成至寶矣當秋凉時而得
行根笋亦賤物也而視若珍羞矣有先時而見

隨園食單【卷一　須知單　七

好者三月食鱭魚是也有後時而見好者四月
食芋奶是也其他亦可類推有過時而不可喫
者蘿蔔過時則心空山笋過時則味苦刀鱭過
時則骨硬所謂四時之序成功者退精華已端
蠶裳去之也

一多寡須知

用貴物宜多用賤物宜少煎炒之物多則火力
不透肉亦易鬆故用肉不得過半觔用雞魚不
得過六兩或問食之不足如何曰俟食畢後另
炒可也以多為貴者白煮肉非二十觔以外則
淡而無味粥亦然非斗米則汁漿不厚且須扣
水水多物少則味亦薄矣

一潔淨須知

切葱之刀不可以切笋搗椒之臼不可以搗粉
聞菜有抹布氣者由其布之不潔也工欲善其事必先利
板氣者由其砧之不淨也

隨園食單【卷一　須知單　八

必先利其器良廚先多磨刀多換布多刮板多洗手然
後治菜至於口吸之菸灰頭上之汗汁竈上之
蠅蟻鍋上之烟煤一玷入菜雖絕好烹庖如
西子蒙不潔人皆掩鼻而過之矣

一用纖須知

俗名豆粉為纖者即拉船用纖也須顧名思義
因治肉者要作團而不能合要作羹而不能膩
故用粉以牽合之煎炒之時慮肉貼鍋必至焦
老故用粉以護持之此纖義也能解此義用纖
纖必恰當否則亂用可笑但覺一片糊塗漢制
考齊呼麴麩為媒媒即纖矣

一選用須知

選用之法小炒肉用後臀做肉圓用前夾心煨
肉用硬短勒炒魚用青魚季魚做魚松用鯶
魚鯉魚蒸雞用雛煨雞用騸雞取雞汁用老
雞雞用雌才嫩鴨用雄才肥蓴菜用頭芹韭用

根皆一定之理餘可類推

一疑似須知

味要濃厚不可油膩味要清鮮不可淡薄此疑
似之間差之毫釐失之千里濃厚者取精多而
糟粕去之謂也若徒貪肥膩不如專食豬油矣
清鮮者真味出而俗塵無之謂也若徒貪淡薄
則不如飲水矣

一補救須知

名手調羹鹹淡合宜老嫩如式原無需補救不
得已為中人說法則調味者寧淡毋鹹淡可加
鹽以救之鹹則不能使之再淡矣烹魚者寧嫩
毋老嫩可加火候以補之老則不能強之再嫩
矣此中消息于一切下作料時靜觀火色便可

一本分須知

滿洲菜多燒煮漢人菜多羹湯童而習之故

長也漢請滿人滿請漢人各用所長之菜請客

六曰新鮮不失邯鄲故步今人忘其本分而安

格外討好漢請滿人用滿菜滿請漢人用漢菜

反致依樣葫蘆有名無實畫虎不成反類犬矣

秀才下場另作自己文字務極其工自有遇合

若逢一宗師而摹倣之逢一主考而摹倣之則

撥皮無真終身不中矣

隨園食單　卷十　須知單　　十一

戒單

凡為政者興一利不如除一弊能除飲食之弊則思過半矣作戒單

一戒外加油

俗廚製菜動熬豬油一鍋臨上菜時勺取而分

澆之以為肥膩甚至燕窩至清之物亦復受此

玷污而俗人不知長吞大嚼以為得油水入腹

故知前生是餓鬼投來

一戒同鍋熟

同鍋熟之弊已載前變換須知一條中

隨園食單　卷十　戒單　　十二

戒耳餐

何謂耳餐耳餐者務名之謂也貪貴物之名誇

敬客之意是以耳餐非口餐也不知豆腐得味

遠勝燕窩海菜不佳不如蔬笋余嘗謂雞豬魚

鴨豪傑之士也各有本味自成一家海參燕窩

庸陋之人也全無性情寄人籬下嘗見某太守

燕客大碗如缸白煮燕窩四兩絲毫無味人爭

誇之余笑曰我輩來吃燕窩非來販燕窩也可

販不可嫌雖多奚為若徒誇體面不如碗中竟
放明珠百粒則價值萬金矣其如喫不得何

　一戒目食

何謂目食目食者貪多之謂也今人慕食前方
丈之名多盤疊碗是以目食非口食也不知名
手寫字多則必有敗筆名人作詩煩則必有累
句極名廚之心力一日之中所作好菜不過四
五味耳尚難拿準況拉雜橫陳乎就使幫助多
人亦各有意見全無紀律愈多愈壞余嘗過一
商家上菜三撤席點心十六道共算食品將至
四十餘種主人自覺欣欣得意而我散席還家
仍煮粥充飢可想見其席之豐而不潔矣南朝
孔琳之曰今人好用多品適口之外皆為悅目
之資余以為肴饌橫陳薰蒸腥穢目亦無可悅
也

　一戒穿鑿

隨園食單　卷一　戒單　三

物有本性不可穿鑿為之自成小巧即如燕窩
佳矣何必捶以為團海參可矣何必熬之為醬
西瓜被切割暑遲不鮮竟有製以為糕者蓬
熱上口不脆竟有捶之以為脯者他如尊生八
箋之秋藤餅李笠翁之玉蘭糕都是矯揉造作
以杞柳為杯棬全失大方譬如庸德庸行做到
家便是聖人何必索隱行怪乎

　一戒停頓

物味取鮮全在起鍋時極鋒而試略為停頓便
如霧過衣裳錦繡雖華已晦悶而舊氣可憎
嘗見性急主人每擺菜必一齊搬出于是廚
人將一席之菜都放蒸籠中候主人催取通行
齊上此中尚得有佳味哉在善烹飪者一盤一
碗費盡心思在喫者鹵莽暴戾囫圇吞下真所
謂得哀家梨仍復蒸食者矣余到粵東食楊蘭
坡明府鱔羹而美訪其故曰不過現殺現烹現

隨園食單　卷二　戒單　四

熟視嘆不停箸而已他物皆可類推
也

一戒暴殄

暴者不恤人功珍者不惜物力雞魚鵝鴨自首
至尾俱有味存不必少取多棄也嘗見烹甲魚
者專取其裙而不知味在肉中蒸鰣魚者專取
其肚而不知鮮在背上至賤莫如醃蛋蛋其佳處
雖在黃不在白而專取其黃則食
者亦覺索然矣且予為此言並非俗人惜福之
謂假使暴殄而有益於飲食猶之可也暴殄而
反累於飲食又何苦為之至於烈炭以炙活鵝
之掌刲刀以取生雞之肝皆君子所不為也何
也物為人用使之然也可死可使不死不得不
死使之求死不得

一戒縱酒

事之是非惟醒人能知之味之美惡亦惟醒人
能知之伊尹曰味之精微口不能言也口且不
能

随園食單　卷一　戒單

能言豈有呼呶酗酒之人能知味者乎往往見
拇戰之徒啖佳菜如啖木屑心不在焉所謂惟
酒是務焉知其餘而治味之道掃地矣萬不得
已先于正席嘗菜之味後于撤席逞酒之能庶
幾其兩可也

一戒火鍋

冬日宴客慣用火鍋對客喧騰已屬可厭且各
菜之味有一定火候宜文宜武宜撤宜添瞬息
難差今一例以火逼之其味尚可問哉近人用
燒酒代炭以為得計而不知物經多滾總能變
味或問菜冷奈何曰以起鍋滾熱之菜不使客
登時食盡而尚能留之以至于冷則其味之惡
劣可知矣

一戒強讓

治具宴客禮也然一肴既上理宜憑客舉箸精
肥整碎各有所好聽從客便方是道理何必強

趑趄之常見主人以箸夾取堆置客前汙盤沒
碗令人生厭須知客非無手無目之人又非
童新婦怕羞忍餓何必以村嫗小家子之見
待之其慢客也至矣近日倡家尤多此種惡習
以箸取菜硬入人口有類強姦殊為可惡長安
有甚好請客而菜不佳者一客問曰果然相好
相好乎主人曰相好客曰果然相好我與君算
有所求必允許而後起主人驚問曰何求曰此後
君家宴客求免見招合坐爲之大笑

隨園食單　卷一　戒單　　　　北

一戒走油

凡魚肉雞鴨雖極肥之物總要使其油在肉中
不落湯中其味方存而不散若肉中之油半落
湯中則湯中之味反在肉外矣推原其病有三
一惞于火太猛滾急水乾重番加水一惞于火
勢忽停餁斷復續一病在于太要相度屢起鍋
蓋則油必走

一戒落套

唐詩最佳而五言八韻之試帖名家不選何也
以其落套故也詩尚如此食亦宜然今官場之
菜名號有十六碟八簋四點心之稱有滿漢席
之稱有八小喫之稱有十大菜之稱種種俗名
皆惡廚陋習只可用之于新親上門上司入境
以此敷衍配上椅披桌裙插屏香案三揖百拜
方稱若家居懽宴文酒開筵安可用此惡套哉

隨園食單　卷一　戒單　　　　太

必須盤碗參差整散雜進方有名貴之氣象余
家壽筵婚席動至五六桌者傳喚外廚亦不免
落套然訓練之卒範我馳驅者其味亦終竟不
同

一戒混濁

混濁者並非濃厚之謂同一湯也望去非黑非
白如缸中攪渾之水同一滷也食之不清不膩
如染缸倒出之漿此種顏色味令人難耐救之

法總在洗淨本身善加作料伺察水火體驗酸
鹹不使食者舌上有隔皮隔膜之嫌庶子困論
文云素索無味氣昏昏有倦心是卽混濁之謂
也

一戒荀且
凡事不宜荀且而于飲食尤甚廚者皆小人下
材一日不加賞罰則一日必生怠玩火齊未到
而姑且下嚥則明日之菜必更加生眞味已失
而含忍不言則下次之羹必加草率且又不止
空賞空罰而已也其佳者必指示其所以能佳
之由其劣者必尋求其所以致劣之故鹹淡必
適其中不可絲毫加減久暫必得其當不可任
意登盤厨者偷安喫者隨便皆飲食之大弊審
問愼思明辨爲學之方也隨時指點教學相長
作師之道也于味何獨不然

隨園食單　〈卷一〉　紙濮　九

海鮮單
古人珍羞並無海鮮之說今世俗
尚之不得不吾從衆作海鮮單

燕窩
燕窩貴物原不輕用如用之每碗必須二兩先
用天泉滾水泡之將銀針挑去黑絲用嫩雞湯
好火腿湯新蘑菇三樣湯滾之看燕窩變成玉
色爲度此物至清不可以武物串之今人用肉絲雞絲雜
之是喫雞絲肉絲非喫燕窩也且徒務其名往往以三
錢生燕窩蓋碗面如白髮數莖使客一撈不見
空剩麤物滿碗眞乞兒賣富反露貧相不得已
則蘑菇絲筍尖絲鯽魚肚野雞嫩片尚可用也
余到粤東楊明府爰瓜燕窩甚佳以柔配柔以
清入淸重用雞汁蘑菇汁而已燕窩皆作五色
不純白也或打作團或敲成麵俱屬穿鑿
海參三法
海參無味之物沙多氣腥最難討好然天性

隨園食單　〈卷一〉　海鮮單　廿

重斷不可以清湯煨也須檢小刺參先泡去沙
泥用肉湯滾泡三次然後以雞肉兩汁紅煨極
爛輔佐則用香蕈木耳以其色黑相似也大抵
明日請客則先一日要煨海參才爛常見錢觀
察家夏日用芥末雞汁拌冷海參絲甚佳或切
小碎丁用筍丁香蕈丁入雞湯煨作羹蔣侍郎
家用豆腐皮雞腿蘑菇煨海參亦佳

魚翅二法

魚翅難爛須煮兩日才能摧剛為柔用有二法
一用好火腿好雞湯加鮮筍冰糖錢許煨爛此
一法也一純用雞湯串細蘿蔔絲拆碎鱗翅摻
和其中飄浮碗面令食者不能辨其為蘿蔔絲
為魚翅者此又一法也用火腿者湯宜少用蘿蔔
絲者湯宜多總以融洽柔膩為佳若海參觸鼻
魚翅跳盤便成笑話吳道士家做魚翅不用下
鱗單用上半厚根亦有風味蘿蔔絲須出水三

次其臭才去常在郭耕禮家喫魚翅炒菜妙絕
惜未傳其方法

鰒魚

鰒魚炒薄片甚佳楊中丞家削片入雞湯豆腐
中號稱稱鰒魚豆腐上加陳糟油澆之莊太守用
大塊腹魚煨整鴨亦別有風趣但其性堅終不
能齒決火煨三日才拆得碎

淡菜

淡菜煨肉加湯頗鮮取肉去心酒炒亦可

海蛑

海蛑寧波小魚也味同蝦米以之蒸蛋甚佳作
小菜亦可

烏魚蛋

烏魚蛋最鮮最難服事須河水滾透撤沙去臊
再加雞湯蘑菇煨爛龔雲若司馬家製之最精

江瑤柱

江瑤柱出寧波治法與蚶蟶同其鮮脆在柱故

蚶黃

刮殼時多兼少取

蚶黃生石子上殼與石子膠粘不分剝肉作羹

與蚶蛤相似一名鬼眼樂清奉化兩縣土產別

地所無

隨園食單　《卷一　鮮鱗單》　三十

江鮮單　郭璞江賦魚族甚繁今擇其常有者治之作江鮮單

刀魚二法

刀魚用蜜酒釀清醬放盤中如鰣魚法蒸之最

佳不必加水如嫌刺多則將極快刀刮取魚片

用鉗抽去其刺用火腿湯雞湯筍湯煨之鮮妙

絕倫金陵人畏其多刺竟油炙極枯然後煎之

諺曰駝背夾直其人不活此之謂也或用快刀

將魚背斜切之使碎骨盡斷再下鍋煎黃加作

料臨食時竟不知有骨蕪湖陶太太法也

鰣魚

鰣魚用蜜酒蒸食如治刀魚之法便佳或竟用

油煎加清醬酒釀亦佳萬不可切成碎塊加雞

湯煮或去其背專取肚皮則真味全失矣

鱘魚

尹文端公自夸治鱘鰉最佳然煨之太熟頗嫌

重濁惟在蘇州唐氏㸆炒鰉魚片甚佳其法㸆

隨園食單　《卷一　江鮮單》　二十

片油烙加酒秋油滾三十次下水再滾起鍋加
作料重用瓜薑蔥花又一法將魚白水煮十滾
去大骨肉切小方塊取明骨切小方塊雞湯去
沫先煨明骨八分熟下酒秋油再下魚肉煨二
分爛起鍋加蔥椒韭重用薑汁一大杯

○黄魚

黃魚切小塊醬酒鬱一个時辰瀝乾入鍋爆炒
兩面黃加金華豆豉一茶杯甜酒一碗秋油一
小杯同滾候滷乾色紅加糖加瓜薑收起有沉
浸濃郁之妙又一法將黃魚拆碎入雞湯作羹
微用甜醬水縴粉收起之亦佳大抵黃魚亦係
濃厚之物不可以清治之也

○班魚

班魚最嫩剝皮去穢分肝肉二種以雞湯煨之
下酒三分水二分秋油一分起鍋時加薑汁一
大碗慈薑蔥葉殺去腥氣

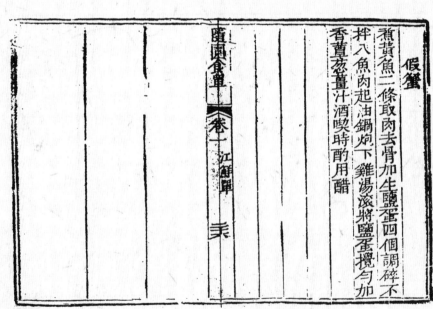

隨園食單　卷一　江鮮單

假蟹

煮黃魚二條取肉去骨加生鹽蛋四個調碎不
拌入魚肉起油鍋炮下雞湯滾將鹽蛋攪勻加
香蕈蔥薑汁酒喫時酌用醋

隨園食單　卷一　江鮮單

特牲單

猪用最多可稱廣大教主宜古人有特豚饋食之禮作特牲單

猪頭二法

洗淨五斤用甜酒三斤七八斤者用甜酒五斤先將猪頭下鍋同酒煮下秋油二百餘盞下秋油一大杯糖一兩候熟後管醎淡再將秋油加減添開水要漫過猪頭一寸上壓重物大火燒一炷香退出大火用文火細煨收乾以膩為度爛後即開鍋蓋遲則走油

一法打木桶一個中用銅箍隔開將猪頭洗淨加作料悶入桶中用文火隔湯蒸之猪頭爛而其膩垢悉從桶外流出亦妙

猪蹄四法

蹄膀一隻不用爪白水煮爛去湯好酒一斤清醬酒杯牛陳皮一錢紅棗四五個煨爛起鍋時用蔥椒酒澆入去陳皮紅棗此一法也

又一法用蝦米煎湯代水加酒秋油煨之

隨園食單 〈卷三 特牲單〉

蹄膀一隻先煮熟用素油灼皺其皮再加作料紅煨有土八好先撤食其皮號稱揭單被又一法用蹄膀一個兩鉢合之加酒加秋油隔水蒸之以二枝香為度號神仙肉錢觀察家製最精

猪爪猪筋

專取猪爪剔去大骨用雞肉湯清煨之筋味與爪相同可以搭配有好腿爪亦可搀入

猪肚二法

將肚洗淨取極厚處去上下皮單用中心切骰子塊滾油炮炒加作料起鍋以極脆為佳此北人法也南人白水加酒煨兩枝香以極爛為度蘸清鹽食之亦可或加雞湯作料煨爛熏切亦佳

猪肺二法

洗肺最難以洗盡肺管血水剔去包衣為第一著敲之仆之挂之倒之抽管割膜工夫最細用

酒水滾一日一夜時縮小如一片白尖蓉浮于
湯面再加作料上口如泥湯西崖少宰宴客每
碗四片已用四肺矣近人無此工夫只得將肺
折碎入雞湯煨爛亦佳得野雞湯更如以清配
清故也用好火腿煨亦可

猪腰

腰片炒枯則木炒嫩則令人生疑不如煨爛醬
椒鹽食之為佳或加作料亦可只宜手摘不宜

刀切但須一日工夫才得如泥耳此物只宜獨
用斷不可攙入別菜用敢能奪味而惹膻煨三
刻則老煨一日則嫩

猪裏肉

猪裏肉精而且故人多不食嘗在揚州謝蘊山
太守席上食而甘之云以裏肉切片用纖粉團
成小把入蝦湯中加香草紫菜清煨一熟便起

白片肉

須看養之猪宰後入鍋煮到八分熟泡在湯中
一個時辰取起將猪身上行動之處薄片上桌
不冷不熱以溫為度此是北人擅長之菜南人
效之終不能佳且零星市脯亦難用也寒士請
客寧用燕窩不用白片肉以非多不可故也割
法須用小快刀片片披下方有趣味此物只宜
佳與聖人割不正不食一語截然相反其猪身
肉之名目甚多滿洲跳神肉最妙

紅煨肉三法

或用甜醬或用秋油或竟不用秋油甜醬每肉
一觔用鹽三錢純酒煨之亦有用水者但須熬
乾水氣三種治法皆紅如琥珀不可加糖炒色
早起鍋則黃當可則紅過遲則紅色變紫而精
肉轉硬常起鍋蓋則油走而味都在油中矣大
抵割肉雖方以爛到不見鋒稜上口而精肉俱
化為妙全以火候為主諺云緊火粥慢火肉至

隨園食單【卷二　特牲單】　　五

戒言平

白煨肉

每肉一觔用白水煮八分好起出去湯用酒半
觔鹽二錢半煨一個時辰用原湯一半加入滾
乾湯膩爲度再加蔥椒木耳韭菜之類火先武
後文又一法每肉一觔用糖一錢酒半茶杯先放酒滾肉
觔清醬牛茶杯先放酒滾肉二十次加回香
一錢放水悶爛亦佳

油灼肉

去硬短勒方塊去筋襻酒醬鬱過入滾油中
炮炙之使肥者肉不膩精者肉鬆將起鍋時加蔥
蒜微加醋噴之

乾鍋蒸肉

用小磁鉢將肉切方塊加甜酒秋油裝入鉢內
封口放鍋內下用文火乾蒸之以兩枝香爲度
不用水秋油與酒之多寡相肉而行以蓋滿肉

隨園食單【卷二　特牲單】　　六

面爲度

蓋碗裝肉

放手爐上法與前同

磁罈裝肉

放礶礶中慢煨法與前同總須封口

脫沙肉

去皮切碎每一觔用雞子三個青黃俱用調和
拌肉再斬碎八秋油半酒杯蔥末拌勻用網油
一張裹之外再用菜油四兩煎兩面起出去油
用好酒一茶杯清醬半酒杯悶透提起切片肉
之面上加韭菜香蕈筍丁

曬乾肉

切薄片精肉曬烈日中以乾爲度用陳大頭菜
夾片乾炒

火腿煨肉

火腿切方塊冷水滾三次去湯瀝乾將肉切方

境冷水滾二次去渣鹽煨乾放清水煨加酒四兩

蔥椒筍香蕈、

台鯗煨肉

法與火腿煨肉同鯗易爛須先煨肉至八分再
加鯗煨之則號養凍紹興人菜也鯗不佳者不
必用

粉蒸肉

用精肥參半之肉炒米粉黄色拌麵醬蒸之下

隨園食單　卷二　特牲單　七

用白菜作墊熟時不但肉美菜亦美以不見水
故味獨全江西人菜也

熏煨肉

先用秋油酒將肉煨好帶汁上木屑畧蔣之不
可太久使乾溼參半香嫩異常吳小谷廣文家
製之精極

芙蓉肉

精肉一觔切片清醬拖過風乾一个時辰用大

蝦肉四十個猪油二兩切臂于大將蝦肉放在
猪肉上一隻蝦肉一塊肉戥扁將滾水煮熟撈起
熬菜油半觔將肉片放在有眼銅勺內將滾油
灌熟再用秋油酒一杯雞湯一茶杯熬
滾澆肉片上加蒸粉蔥椒糝上起鍋

荔枝肉

用肉切大骨牌片放白水煮二三十滾撩起燒

隨園食單　卷二　特牲單　八

菜油半觔將肉放八炮透撩起用冷水一潔肉
縐撩起放八鍋內用酒半觔清醬一小杯水半
觔煮爛

八寶肉

用肉一觔精肥各半白煮一二十滾切柳葉片
小淡菜二兩煮爛一方海蜇二兩香蕈一兩花海蜇二兩
胡桃肉四個去皮尖片四肉好火腿二兩麻油
一兩將肉入鍋秋油酒煨至五分熟再加餘物
海蜇下最在後

菜花頭燒肉
用臺心菜嫩蕊微醃晒乾用之

炒肉絲
切細絲去筋襻皮骨用清醬酒鬱片時用菜油熬起白煙變青煙後下肉炒勻不停手加蒸粉醋一滴糖一撮蔥白韭蒜之類只炒半斤大火不用水又一法用油泡後用醬水加酒畧煨起

鍋紅色加韭菜尤香

隨園食單〈卷二 特牲單〉　九

炒肉片
將肉精肥各半切成薄片清醬拌之入鍋油炒聞響即加醬水蔥瓜冬笋韭芽起鍋火要猛烈

八寶肉圓
猪肉精肥各半斬成細醬用松仁香蕈筍尖荸薺瓜薑之類斬成細醬加縴粉和捏成團放入蒸中加甜酒秋油蒸之入口鬆脆緣致羣云肉

圓宜切不宜斬必別有所見

空心肉圓
將肉捶碎鬱過用凍猪油一小團作餡子放在團肉心中蒸之則油流去而團子空心矣此法鎮江

人最善

鍋燒肉
煮熟不去皮放麻油灼過切塊加鹽或蘸清醬
亦可

醬肉
先微醃用麵醬醬之或單用秋油拌鬱風乾

糟肉
先微醃再加米糟

暴醃肉
微鹽擦揉三日內即用

尹文端公家風肉
殺猪一口斬成八塊每塊炒鹽四錢細細揉擦使之無微不到然後高掛有風無日處偶有蟲蝕

以上三味皆冬月菜也春夏不宜

隨園食單〈卷二 特牲單〉　十

随園食單　卷二　特牲單　廿

蝕以香油塗之夏日取用先放水中泡一肖再
煮水亦不可太多以蓋肉面爲度削片時
用快刀橫切不可順肉絲而斬也此物惟尹府
于精常以進貢今徐州風肉不及亦不知何故
而能鮮精肉可橫咬者爲上品放久即是好火
腿

家鄉肉

杭州家鄉肉好醜不同有上中下三等大槩淡

筍煨火肉

冬筍切方塊火肉切方塊全煨火腿撤去鹽水
兩遍再入冰糖煨爛席武山別傳云凡火肉煮
好後若留作次日喫者須留原湯待次日將火
肉投入湯中滾熱才好若乾放離湯則風燥而
肉枯用白水則又味淡

燒小豬

小豬一個六七觔重者鉗毛去穢叉上炭火炙

隨園食單　卷二　特牲單　廿一

之要四面齊到以深黃色爲度皮上慢慢以
酥油塗之屢塗屢炙食時酥爲上脆次之老斯
下矣旗人有單用酒秋油蒸者亦佳吾家龍文
弟頗得其法

燒豬肉

凡燒豬肉須耐性先炙裏面肉使油膏走入皮
肉則皮鬆脆而味不走若先炙皮則肉上之油
盡落火上皮旣焦硬味亦不佳燒小豬亦然

排骨

取勒條排骨精肥各半者抽去當中直骨以蔥
代之炙用醋醬頻頻刷上不可太枯

雞篢肉

以作雞松法作之存益面之皮將皮下精肉斬
成碎團加作料烹熟聶之廚能之

端州三種肉

一羅簑肉一烱燒白肉不加作料以芝麻醬拌

之切片煨好以清醬拌之三種俱宜於家常哉

州羣季二廚所作特令楊二學之

　楊公圓

楊明府作肉圓大如茶杯細膩絕倫湯尤鮮潔
入口如酥大槩去筋去節斬之極細肥瘦各牛
用纖合勻

　黃芽菜煨火腿

用好火腿削下外皮去油存肉先用雞湯將皮
煨酥再將肉煨酥放黃芽菜心連根切段約二
寸許長加蜜酒娘及水連煨半日上口廿鮮肉
柴俱化而菜根及菜心絲毫不散湯亦美極朝
天宮道士法也

　蜜火腿

取好火腿連皮切大方塊用蜜酒煨極爛最佳
但火腿好醜高低判若天淵雖出金華蘭溪義
烏三處而有名無實者多其不佳者反不如醃

隨園食單　卷三　特牲單　三三

劣惟杭州忠清里王三房家四錢一斤者佳

余在尹文端公蘇州公館喫過一次其香隔戶

便至廿鮮異常此後不能再遇此尤物矣

隨園食單　卷三　特牲單　四

雜牲單

牛羊鹿三牲非南人家常時有之
之物然製法不可不知作雜牲單

牛肉

買牛肉法先下各舖定錢湊取腿筋夾肉處不
精不肥然後帶回家中剔去皮膜用三分酒二
分水清煨極爛再加秋油收湯此太牢獨味孤
行者也不可加別物配搭

牛舌

牛舌最佳去皮撕膜切片入肉中同煨亦有
醃風乾者臨年食之極似好火腿

羊頭

羊頭毛要去淨如去不淨用火燒之洗淨切開
煮爛去骨其口內老皮俱要去淨將眼睛切成
二塊去黑皮眼珠不用切成碎丁取老肥母雞
湯煨之加香蕈筍丁甜酒四兩秋油一杯如喜
辣用小胡椒十二顆蔥花十二段如喫酸用好
米醋一杯

羊蹄

煨羊蹄照煨猪蹄法分紅白二色大抵用清醬
者紅用鹽者白山藥配之宜

羊羹

取熟羊肉斬小塊如骰子大雞湯煨加筍丁香
蕈丁山藥丁同煨

羊肚羹

將羊肚洗淨煮爛切絲用本湯煨之加胡椒醋
俱可北人炒法南人不能如其脆錢璵沙方伯
家焗燒羊肉極佳將求其法

紅煨羊肉

與紅煨猪肉同加剌眼核桃放入去羶亦有法

炒羊肉絲

與炒猪肉絲同可以用纖愈細愈佳蔥絲拌之
也

燒羊肉

부록 一 수원식단 원문

羊肉切大塊重五七觔者鐵叉火上燒之味果
甘脆宜惹宋仁宗夜半之思也

全羊
全羊法有七十二種可吃者不過十八九種而
已此屠龍之技家廚難學一盤一碗雖全是羊
肉而味各不同才好

鹿肉
鹿肉不可輕得得而製之其嫩鮮在獐肉之上
燒炙可煨炙亦可

鹿筋二法
鹿筋難爛須三日前先捶煮之綹出臊水數遍
加肉汁湯煨之再用雞汁湯煨加秋油酒微纏
收湯不攪他物便成白色用碗盛之如兼用火
腿冬笋香蕈同煨便成紅色不收湯以碗盛之
白色者加花椒細末

獐肉

隨園食單　卷二　雜牲單　　十七

毀獐肉莫製羊鹿同可以作腤不如煨肉之活
而細膩臓過之

果子狸
果子狸鮮者難得其醃乾者用蜜酒娘蒸熟
刀切片上桌先用米泔水泡一日去盡鹽穢較
火腿覺嫩而肥

假牛乳
用雞蛋清拌蜜酒娘打掇入化上鍋蒸之以嫩
膩為主火候遲便老蛋清太多亦老

鹿尾
尹文端公品味以鹿尾為第一然南方人不能
常得從北京來者又苦不鮮新余嘗得極大者
肥肉芹菜葉包而蒸之味果不同其最佳處在尾上
一道漿耳

隨園食單　卷二　雜牲單　　十六

羽族單

雞功最巨諸菜賴之如善人積勞而人不知故戒
禽附之作羽族單

白片雞

肥雞白片自是太羹元酒之味先宜於下鄉村
入旅店烹飪不及之時最爲省便養時水不可
多

雞松

肥雞一隻用兩腿去筋骨剁碎不可傷皮用雞

隨園食單〈卷三〉羽族單　九

蛋清粉纖松子肉同剁成塊如腿不敷用添補
乾肉切成方塊秋油用香油灼黃起放鉢頭內加百
花酒牛片秋油一大杯雞油一鐵勺加冬筍添
蕈蕈葱花等將所餘雞骨皮蓋面加水一大碗
蒸籠蒸透臨喫去之

生炮雞

小雛雞斬小方塊秋油酒拌臨喫時拿起放
油內灼之起鍋又灼連灼三回盛起用醋酒

焦雞

肥母雞洗淨整下鍋煮用豬油四兩回香四個
煮成八分熟再拿香油灼黃還下原湯熬濃用
秋油酒整葱收起臨上片碎并將原鹵澆之或
拌蘸亦可此楊中丞家法也方輔兄家亦好

捶雞

將整雞捶碎秋油酒煮之南京高南昌太守家
製之最精

隨園食單〈卷三〉羽族單　十

雞粥

肥母雞一隻用刀將兩補肉去皮細刮或用刨
刀亦可只可刮刨不可斬斬之便不膩矣再用
餘雞熬湯下之喫時加細米粉火腿屑松子肉
共剁碎放湯內起鍋時放葱薑澆雞油或去渣
或存渣俱可宜于老人大條斬碎者去渣刮
者不去渣

炒雞片

用雞補肉去皮斬成薄片用豆粉蔴油秋油拌
之縴粉調之雞蛋清抓臨下鍋加醬瓜薑葱花
末須用極旺之火炒一盤不過四兩火氣才透

蒸小雞

用小嫩雞整放缽中上加秋油甜酒香蕈笋
尖飯鍋上蒸之

醬雞

生雞一隻用清醬浸一晝夜而風乾之此三冬
菜也

雞丁

取雞補子切骰子小塊入滾油炮炒之用秋油
酒收起加荸薺丁笋丁香蕈丁拌之湯以黑色
爲佳

雞圓

斬雞補子肉爲圓如酒杯大鮮嫩如蝦圓揚州

隨園食單　卷二　羽族單　三十

莊八太爺家製之最精法用猪油蔴菇縴粉揉
成不可放飴

蔴菇煨雞

口蘑菇四兩開水泡去砂用冷水漂再
用清水漂四次用菜油二兩炮透加酒噴將雞
斬塊放鍋肉滾去沫下甜酒清醬煨八分功成
下蘑菇再煨二分功程加笋葱椒起鍋不用水
加水糖三錢

梨炒雞

取雞胸肉切片先用猪油三兩熬熟炒三四
次加蔴油一瓢縴粉鹽花薑汁花椒末各一茶
匙再加雪梨薄片香蕈小塊炒三四次起鍋盛
五寸盤

假野雞卷

將雞補子斬碎用雞子一個調清醬鬱之將網油
畫碎分包小包油裏炮透再加清醬酒作料香

隨園食單　卷二　羽族單　三一

蒸木耳起鍋加糖一撮

黃芽菜俟雞
將雞切塊起油鍋生炒透酒滾二三十次加秋
油後滾二三十次下水滾將菜切塊俟雞有七
分熟將菜下鍋再滾三分加糖蔥大料其菜要
另滾熟攪用每一隻用油四兩

栗子炒雞
將雞斬塊用菜油二兩炮加酒一飯碗秋油一小
杯水一飯碗煨熟七分熟先將栗子煮熟同筍下
之再煨三分起鍋下糖一撮

灼八塊
嫩雞一隻斬八塊滾油炮透去油加清醬一杯
酒半斤煨熟便起不用水用武火

珍珠團
熟雞補子切黃豆大塊清醬酒拌勻用乾麪滾
滿入鍋炒炒用素油

隨園食單 〈卷二 羽族單〉 三

黃芪煮雞治瘵
取童雞未曾生蛋者殺之不見水取出肚臟塞
黃芪一兩架箸放鍋內蒸之四面封口熟時取
出滷濃而鮮可療弱症

滷雞
囫圇雞一隻肚內塞蔥三十條茴香二錢用酒
一斤秋油一小杯半先滾一枝香加水一斤脂
油二兩一齊煨熟取出脂油水要熟
水收濃滷一飯碗才取起或折碎或薄刀片之
仍以原滷拌食

蔣雞
童子雞一隻用鹽四錢醬油一匙老酒半茶杯
薑三大片放砂鍋內隔水蒸爛去骨不用水薑
御史家法也

唐雞
雞一隻或二斤或三斤如用二斤者用酒一飯

隨園食單 〈卷二 羽族單〉 三

碗水三飯碗用三斤者酌添先將雞切塊用菜
油二兩候滾熟爆雞要透先用酒滾一二十滾
再下水約三二百滾用秋油一酒杯起鍋時加
白糖一錢唐靜涵家法也

雞肝

用酒醋噴炒以嫩為貴

雞血

取雞血為條加雞湯醬醋索粉作羮宜于老人

隨園食單　《卷三　羽族單》　　去

雞絲

拆雞為絲秋油芥末醋拌之此杭州菜也加筍
秋油酒炒之亦可拌者用熟
加芹俱可用筍絲
雜炒者用生雞

糟雞

糟雞法與糟肉全

雞腎

取雞腎三十个煮微熟去皮用雞湯加作料煨

之鮮嫩絕倫

雞蛋

雞蛋去殼放碗中將竹箸打一千回愈久愈嫩
凡蛋一煮而老一千煮而反嫩加茶葉煮者以
兩炷香為度蛋一百用鹽一兩五十用鹽五錢
加醬煨亦可其他則或煎或炒俱可斬碎黃雀
蒸之亦佳

野雞五法

隨園食單　《卷三　羽族單》　　丟

野雞披胸肉清醬鬱過以網油包放鐵奩上燒
之作方片可作卷子亦可此一法也當家雞整
料炒一法也取胸肉作丁一法也切片加作
一法也先用油灼拆絲加酒秋油醋全芹菜冷
拌一法也生片其肉八火鍋中登時便喫亦一
法也其斃在肉嫩則味不入嫩八則肉又老

赤燉肉雞

赤燉肉雞洗切淨每一斤用好酒十二兩鹽三

錢五分冰糖四錢研酌加桂皮同入砂鍋中文
炭火煨之倘酒將乾雞肉倘未爛每斤酌加清
開水一茶杯

　　蘑菇煨雞

雞肉一斤甜酒一斤鹽三錢冰糖四錢蘑菇如用
新鮮不霉者文火煨兩枝線香爲度不可用水
先煨雞八分熟再下蘑菇

　　鴿子

鴿子如好火腿全煨甚佳不用火肉亦可

　　鴿蛋

煨鴿蛋法與煨雞腎同或煎食亦可加微醋亦
可

　　野鴨

野鴨切厚片秋油鬱過用兩片雪梨來往炮炒
之蘇州毛道臺家製法最精今失傳矣用菜
　　鴨法烝之亦可

隨園食單　卷二　羽族單　　宝

　　烝鴨

生肥鴨去骨內用糯米一酒杯火腿丁大頭菜
丁香蕈筍丁秋油酒小磨蔴油蔥花俱灌鴨肚
內外用雞湯放盤中隔水烝透此菜陶定魏太守
家法也

　　鴨糊塗

用肥鴨白煮八分熟冷定去骨拆成天然不方
不圓之塊下原湯內煨加鹽三錢酒半斤捶碎
山藥同下鍋作纚臨煨爛時再加薑末香蔥
花如要濃湯加放粉纚以芋代山藥亦妙

　　滷鴨

不用水用酒煮鴨去骨加作料食之高要令楊
公家法也

　　鴨脯

用肥鴨斬大方塊用酒半斤秋油一杯筍香蕈
蔥花閉之收滷起鍋

隨園食單　卷二　羽族單　　表

燒鴨

用雛鴨上义燒之馮觀察家廚最橋

挂滷鴨

塞蒸鴨腹恭悶而燒水西門許店最精家中不

能作有黃黑一色黃者更妙

乾蒸鴨

杭州商人何星舉家乾蒸鴨將肥鴨一隻洗淨

斬八塊加甜酒秋油淹滿鴨面放磁罐中封好

野鴨團

隨園食單【卷三　羽族單】　尧

置乾鍋中蒸之用文炭火不用水臨上時其精

肉皆爛如泥以線香二枝為度

野鴨

細斬野鴨胸前肉加猪油微縴調揉成團八雞

徐鴨

湯滾之或用本鴨湯亦佳大興孔親家製之甚

橋

頂大鮮鴨一隻用百花滴十二兩壽鹽二兩三

隨園食單【卷三　羽族單】　羊

錢滾水一湯碗冲化去渣沫一丹兑冷水七飯魂

鮮薑四厚片約重一兩同入六尤盍鉢內將皮

紙封固口用大火籠燒透大炭吉三元約二文

一個外用套包一個將火籠單定不可令其走

氣約早點時炖起至晚方好速則恐其不透

便不佳矣其時炭吉燒透後不宜更換柴鉢亦不

宜預先開看燒鴨破開時將清水洗後用漂淨無

漿布拭乾八鉢

煨麻雀

取麻雀五十隻以清醬甜酒煨之熟後去瓜脚

單取雀胸頭肉連湯放盤中甘鮮異常其他鳥

雀俱可類推但鮮者一時難得薛生白常勸人

勿食人間養義之物以野禽味鮮且易消化

煨鷯鶉黃雀

鷯鶉用六合來者最佳有現成製好者黃雀用

蘇州糟加蜜酒煨爛下作料與煨麻雀全蘇州

沈觀察煨黃雀并骨如泥不知作何製法煨魚
片亦精其廚饌之精合吳門推爲第一

雲林鵝

倪雲林集中載製鵝法整鵝一隻洗淨後用鹽
三錢擦其腹內塞蔥一帚填實其中外將蜜拌
酒通身滿塗之鍋中一大碗酒一大碗水蒸之
用竹箸架之不使鵝身近水竈內用山茅二束
緩緩燒盡爲度俟鍋蓋冷後揭開鍋蓋將鵝翻
身仍將鍋蓋封好蒸之再用茅柴一束燒盡爲
度柴俟其自盡不可挑撥鍋蓋用綿紙糊封逼
燥裂縫以水潤之起鍋時不但鵝爛如泥湯亦
鮮美以此法製鴨味亦美每茅柴一束重一
斤八兩擦鹽時串入蔥椒末子以酒和勻雲林
集中載食品甚多只此一法試之頗效餘俱附
會

燒鵝

杭州燒鵝爲人所笑以其生也不如家廚自燒
爲妙

水族有鱗單

魚皆去鱗惟鰣魚不去我道有鱗
而魚形始全作水族有鱗單

邊魚

邊魚活者加酒秋油蒸之玉色爲度一作呆白
色則肉老而味變矣并須蓋好不可受鍋蓋上
之水氣臨起加香蕈筍尖或用酒煎亦佳用酒
不用水號假鰣魚

鯽魚

鯽魚先要善買擇其扁身而帶白色者其肉嫩
而鬆熟後一提肉即卸骨而下黑脊渾身者𧒼
強槎枒魚中之喇子也斷不可食照邊魚蒸法
最佳其次煎喫亦妙拆肉下飯亦可作羹通州人
能煨之骨尾俱酥號酥魚利小兒食然總不如
蒸食之得眞味也六合龍池出者愈大愈嫩亦
奇蒸時用酒不用水小用糖以起其鮮以魚
之小大酌加秋油酒之多寡

白魚

263

白魚肉最細用糟鰣魚同糟之最佳或冬日微
醃加酒娘糟二日亦佳余在江中得網起活者
用酒蒸食美不可言糟之最佳不可太久久則
肉木矣

季魚

季魚少骨炒片最佳炒者以片薄為貴用秋油
細鬱後用縴粉蛋清摺之入油鍋炒加作料炒
之油用素油

土步魚

杭州以土步魚為上品而金陵人賤之目為虎
頭蛇可發一笑肉最鬆嫩煎之煮之蒸之俱可

魚松

加醃芥作湯作羹九鮮

魚圓

用青魚鯶魚二條劈肉折下放油鍋中灼之黃
色加鹽花葱椒瓜薑冬日封瓶中可以一月

隨園食單 卷三 水族有鱗單 二十

六七四

用白魚鰣魚活者破半釘板上用刀刮下肉留
刺在板上將肉斬化用豆粉猪油拌將手攪之
放微微鹽水不用清醬加葱薑汁作團成後放
滾水中煮熟撈起冷水養之臨喫入雞湯紫菜
滾

魚片

取青魚季魚片秋油鬱之加縴粉蛋清起油鍋
炮炒用小盤盛起加葱椒瓜薑極多不過六兩
太多則火氣不透

連魚豆腐

用大連魚煎熟加豆腐噴醬水葱酒滾之俟湯
色半紅起鍋其頭味尤美此杭州菜也用醬多
少須相魚而行

醋摟魚

用活青魚切大塊油灼之加醬醋酒噴之湯多
為妙俟熟即速起鍋此物杭州西湖上五柳居

隨園食單 卷三 水族有鱗單 二十一

最有名而今則醬臭而魚敗矣甚矣宋嫂魚羹
徒存虛名枲染錄不足信也魚不可大大則味
不入不可小小則刺多

銀魚

銀魚起水時名冰鮮加雞湯火腿湯煨之或炒
亦妙乾者泡軟用醬水炒亦妙

臺鯗

臺鯗好醜不一出臺州松門者為佳肉軟而鮮
肥生時折之便可當作小菜不必煮食也用鮮
肉同煨須肉爛時放鯗否則鯗消化不見矣凍
之即為鯗凍紹興人法也

糖蟹

冬日用大鯉魚醃而乾之入酒糟封罈中封口
夏日食之不可燒酒作泡用燒酒者不無辨味

蝦子勤鯗

夏日選白淨帶子勤鯗放水中一日泡去鹽味

隨園食單　卷三　水族有鱗　四

太陽晒乾入鍋油煎一面黃取起以一面未黃
者鋪上蝦子放盤中加白糖蒸之以一炷香為
度三伏日食之絕妙

魚脯

活青魚去頭尾斬小方塊鹽醃透風乾入鍋油
煎加作料收滷再炒芝蔴滾拌起鍋蘇州法也

家常煎魚

家常煎魚須要耐性將鯶魚洗淨切塊鹽醃壓
扁入油中兩面熯黃多加酒秋油文火慢慢滾
之然後收湯作滷使作料之味全入魚中第此
法指魚之不活者而言如活者又以速起鍋為
妙

黃姑魚

徽州出小魚長二三寸晒乾寄來加酒剝皮放
飯鍋上蒸而食之味最鮮號黃姑魚

隨園食單　卷三　水族有鱗　五

水族無鱗單

甲魚無鱗者其腥加倍須加意烹
飪以薑桂勝之作水族無鱗單

湯鰻

鰻魚最忌出骨因此物性本腥重不可過于擺
布失其天真猶鰂魚之不可去鱗也清煨者以
河鰻一條洗去滑涎斬寸為段入磁罐中用酒
水煨爛下秋油起鍋加冬醃新芥菜作湯重用
葱薑之類以殺其腥常顧比郡家用縴粉山
藥乾煨亦妙或加作料直置盤中蒸之不用水
為第一然此物性最豪也秋油酒四六兌終使湯
浮于本身起籠時先要恰好遲則皮皺味失

一、紅煨鰻

鰻魚用酒水煨爛加甜醬代秋油入鍋收湯煨
乾加回香大料起鍋有三病宜戒者一皮有皺
紋皮便不酥一肉散碗中箸夾不起一早下
豉入口不化楊州朱分司家製之最精大抵紅
煨者以乾為貴使油味收入鰻肉中

隨園食單　卷三　水族無鱗單　六

炸鰻

擇鰻魚大者去首尾寸斷之先用麻油炸熟取
起另將鮮蒿菜嫩尖入鍋中仍用原油炒透即
以鰻魚平鋪菜上如作料煨一炷香蒿菜分量
魚減半

生炒甲魚

將甲魚去骨用麻油炮炒之加秋油一杯雞汁
一杯此真定魏太守家法也

醬炒甲魚

將甲魚煮半熟去骨起油鍋炮炒加醬水葱椒
收湯成滷然後起鍋此杭州法也

帶骨甲魚

要一個半斤重者斬四塊加脂油二兩起滾鍋
煎兩面黃加水秋油酒煨先武火後文火至八
分熟加蒜起鍋用葱薑糖甲魚宜小不宜大俗
號童子腳魚才嫩

隨園食單　卷三　水族無鱗單　七

青鹽甲魚

斬四塊起油鍋炮透每甲魚一斤用酒四兩大
回香三錢臨一錢牛煨至牛好下脂油二兩切
小豆塊再煨加蒜頭筍尖起時用蔥椒或用秋
油則不用鹽此蘇州唐靜涵家法甲魚大則老
小則腥須買其中樣者

湯煨甲魚

將甲魚白煮去骨拆碎用雞湯秋油酒煨湯二
碗收至一碗起鍋用蔥椒薑末糝之吳竹嶼家
製之最佳微用縴才得湯膩

全殼甲魚

山東楊參將家製甲魚去首尾取肉及裙加作
料煨好仍以原殼覆之每宴客一客之前以小
盤獻一甲魚見者悚然猶慮其動惜未傳其法

鱔絲羹

鱔魚煮半熟劃絲去骨加酒秋油煨之微用縴

粉用真金英人全瓜長蓋蒿蕈甫亰府者海蔘
爲炭鐵不可解

炒鱔

拆鱔絲炒之略焦如炒肉雞之法不可用水

段鱔

切鱔以寸爲段鱔煨鰻法也或先用油炙使
堅再以冬瓜鮮筍香蕈作配微用醬水重用薑
汁

蝦

蝦元照魚元法雞湯煨之乾炒亦可大蝦捶蝦
時不宜過細恐失眞味魚元亦然或竟剝蝦肉
以紫菜拌之亦佳

蝦餅

以蝦摳爛團而煎之卽爲蝦餅

醉蝦

帶殼用酒炙黃撈起滷用醬米飲醋之開壜

之臨食拆蟹黍中其殼俱酥

炒蝦

炒蝦照炒魚法可用韭配或加冬醃芥菜則不可用韭矣有撻扁其尾單炒者亦覺新異

蟹

蟹宜獨食不宜搭配他物最好以淡鹽湯煮熟自剝白食爲妙蒸者味雖全而失之太淡

蟹羹

剝蟹爲羹即用原湯煨之不加雞汁獨用爲妙見俗廚從中加鴨舌或魚翅或海參者徒奪其味而惹其腥惡劣極矣

炒蟹粉

以現剝現炒之蟹爲佳過兩個時辰則肉乾而味失

剝殼蒸蟹

將蟹剝殼取肉取黃仍置殼中放五六隻在雞

雞蛋上蒸之上桌時完然一殼惟去瓜腳比炒蟹粉覺有新色楊蘭坡明府以南瓜肉拌蟹頗奇

蛤蜊

剝蛤蜊肉加韭菜炒之佳或爲湯亦可起遲便枯

蚶

蚶有三喫法用熱水噴之半熟去蓋入湯或全去其蓋作羹亦可但宜速起遲則肉枯蚶出奉化縣品在蟶蛤蜊之上

蟶蝀

先將五花肉切片用作料悶爛將蟶蝀洗淨蕪油炒仍將肉片連鹵烹之秋油要重些方得有味加豆腐亦可蟶蝀從揚州來慮壞則取殼中肉置豬油中可以遠行有晒爲乾者亦佳入雞

湯烹之味在蟶乾之上揷爛蟶蝦作餅如蝦餅
樣煎喫加作料亦佳

程澤弓蟶乾

程澤弓商人家製蟶乾用冷水泡一日滾水煮
兩日撒湯五次一寸之乾發開有二寸如鮮蟶
一般才入雞湯煨之揚州人學之俱不能及

鮮蟶

烹蟶法與蟶蝦同單妙亦可何春巢家蟶湯豆
腐之妙竟成絕品

隨園食單 【卷三　水族無鱗單】 三十

水雞

水雞去身用腿先用油灼之加秋油甜酒瓜薑
起鍋或拆肉炒之味與雞相似

熏蛋

將雞蛋加作料煨好微微熏乾切片放盤中可
以佐膳

茶葉蛋

雞蛋百個用鹽一兩粗茶葉煮兩枝線香為度
如蛋五十個只用五錢鹽照數加減可作點心

隨園食單 【卷三】 三十一

雜素菜單　葉有葷素，猶衣有表裏也。富貴之人，嗜素甚于嗜葷，作素菜單。

蔣侍郎豆腐

豆腐兩面去皮，每塊切成十六片，亮乾，用猪油熬，清煙起才下豆腐，略灑鹽花一撮，翻身後，用好甜酒一茶杯，大蝦米一百二十個；如無大蝦米，用小蝦米三百個；先將蝦米滾泡一個時辰，秋油一小杯，再滾一回，加糖一撮，再滾一回，用細葱半寸許長一百二十段，緩緩起鍋。

楊中丞豆腐

用嫩腐煮去豆氣，入雞湯同鰒魚片滾數刻，加糟油香蕈起鍋。雞汁須濃，魚片要薄。

張愷豆腐

將蝦米搗碎入豆腐中，起油鍋，加作料乾炒。

慶元豆腐

將豆豉一茶杯，水泡爛入豆腐同炒起鍋。

芙蓉豆腐

隨園食單　卷三　雜素菜單

用腐腦放井水泡三次，去豆氣，入雞湯中滾起鍋時加紫菜蝦肉。

王太守八寶豆腐

用嫩片切粉碎，加香蕈屑、蘑菇屑、松子仁屑、瓜子仁屑、雞屑、火腿屑，同入濃雞汁中炒滾起鍋。用腐腦亦可。用瓢不用箸。孟亭太守云，此聖祖賜徐健菴尚書方也。尚書取方時，御膳房費一千兩。太守之祖樓村先生為尚書門生，故得之。

程立萬豆腐

乾隆廿三年，同金壽門在揚州程立萬家食煎豆腐，精絕無雙。其腐兩面黃乾，無絲毫滷汁，微有蟫蛦鮮味，然盤中並無蟫蛦及他雜物也。次日告查宣門，查曰，我能之，我當特請。已而同杭菫浦同食于查家，則上箸大笑，乃純是雞雀腦為之，非真豆腐，肥膩難耐矣，其費十倍於程

隨園食單　卷三　雜素菜單

而味遠不及也惜其時余以妹喪急歸不及
程求方程適年亡至今悔之仍存其名以俟再
訪

凍豆腐

將豆腐凍一夜切方塊滾夫豆味加雞湯汁
腿汁肉汁煨之上桌時撤去雞火腿之類單留
香蕈冬筍豆腐煨久則鬆面起蜂窩如凍腐矣
故炒腐宜嫩煨者宜老家致華分司用蘑菇

豆腐雖夏月亦照凍腐之法甚佳切不可加葷
湯致失清味

蝦油豆腐

取陳蝦油代清醬炒豆腐須兩面煎黃油要
熱用猪油蔥椒

蓬蒿菜

取蒿尖用油灼癟放雞湯中滾之起時加松菌
百枚

隨園食單　卷三　雜素菜單　六七

蕨菜

用蕨菜不可愛惜須盡去其枝葉單取直根洗
淨煨爛再用雞肉湯煨必買關東者才肥

葛仙米

將米細檢淘淨煮半爛用雞湯火腿湯煨臨上
時要只見米不見雞肉火腿攙和才佳此物陶
方伯家製之最精

羊肚菜

羊肚菜出湖北食法與葛仙米同

石髮

製法與葛仙米同

珍珠菜

製法與蕨菜同上江新安所出
佳

素燒鵝

煮爛山藥切寸為段腐皮包入油煎之加秋油

酒糖瓜菜以色紅為度

韭
韭葷物也專取韭白加蝦米炒之便佳或用鮮
蝦亦可鰲亦肉亦可

芹
芹素物也愈肥愈妙取白根炒之加筍以熟為
度今人有以炒肉者清濁不倫不熟者雖脆無
味或生拌野雞又當別論

隨園食單　卷三　雜素菜單　未

豆芽
豆芽柔脆余頗愛之炒須熟爛作料之味才能
融洽可配燕窩以柔配柔以白配白故也然以
極賤而陪極貴人多嗤之不知惟巢由正可陪
堯舜耳

葵
莧白炒肉炒雜俱可切整段醬醋炙之尤佳煨
肉亦佳須切以寸為度初出太細者無味

青菜
青菜擇嫩者筍炒之夏日芥末拌如微醋可以
醒胃加火腿片可以作湯亦須現殺者才軟

臺菜
炒臺菜心最懦剝去外皮入蘑菇新筍作湯炒
食加蝦肉亦佳

白菜
白菜炒食或筍煨亦可火腿片煨雞湯俱可

黃芽菜
此菜以北方來者為佳或用醋摟或加蝦米煨
之一熟便喫遲則色味俱變

炒瓠菜心以乾鮮無湯為貴雪壓後更軟玉孟

隨園食單　卷三　雜素菜單　九

亭大守家製之最精不加別物宜用葷油

波菜
波菜肥嫩加醬水豆腐煮之杭人名金鑲白

（上）

粄是也如此種菜雖瘦而肥可不必再加葷尖

香蕈

蘑菇不止作湯炒食亦佳但口蘑最易藏沙更
易受霉須藏之得法製之得宜雞腿蘑便易收
拾亦復討好

松蕈

松蕈加口蘑炒最佳或單用秋油泡食亦妙惟
底聲以其嫩也

麪筋二法

一法麪筋入油鍋炙枯再用雞湯蘑菇清煨一
法不炙用水泡切條入濃雞汁炒之加冬筍天
花章准樹觀察家製之最精上盤時宜毛撕不
宜光切加蝦米泡汁甜醬炒之甚佳

茄二法

隨園食單 《卷三 雜素菜單》 三十

（下）

隨園食單 《卷三 雜素菜單》 三十一

吳小谷廣文家將整茄子削皮滾水泡去苦汁
猪油炙之炙時須待泡水乾後用甜醬水乾煨
甚佳盧八太爺家切茄作小塊不去皮入油灼
微黃加秋油炮炒亦佳是二法者俱學之而未
盡其妙惟蒸爛割開用麻油米醋拌則夏間亦
頗可食或煨乾作脯置盤中

莧羹

莧須細摘嫩尖乾炒加蝦米或蝦仁更佳不可
見湯

芋羹

芋性柔膩入葷入素俱可或切碎作鴨羹或煨
肉或同豆腐加醬水煨徐兆璜明府家選小芋
子入嫩雞煨湯妙極惜其製法未傳六紙只用
作料不用水

豆腐皮

將腐皮泡軟加秋油醋蝦米拌之宜于夏日

侍郎家入海參用頗妙加紫菜蝦肉作湯亦相
宜或用蘑菇筍煨清湯亦佳以爛為度蕪湖敬
修和尚將腐皮捲筒切段油中微炙入蘑菇煨
爛極佳不可加雞湯

扁豆

取現採扁豆用肉湯炒之去肉存豆單炒者油
重為佳以肥軟為貴毛糙而瘦薄者瘠土所生
不可食

瓠子王瓜

將鱧魚切片先炒加瓠子同醬汁煨王瓜亦然

煨木耳香蕈

楊州定慧菴僧能將木耳煨二分厚香蕈煨三
分厚先取蘑菇煮熟汁為滷

冬瓜

冬瓜之用最多拌燕窩魚肉鰻鱔火腿皆可揚
州定慧菴所製尤佳紅如血珀不用葷湯

隨園食單〈卷三　雜素菜單〉　三十

煨鮮菱

煨鮮菱以雞湯滾之上時將湯撤去一半池中
現起者才鮮浮水面者才嫩加新栗白果煨爛
尤佳或用糖亦可作點心亦可

豇豆

豇豆炒肉臨上時去肉存豆以極嫩者抽去其
筋

煨三筍

將天目筍冬筍問政筍煨入雞湯號三筍羹

芋煨白菜

芋煨極爛入白菜心烹之加醬水調和家常菜
之最佳者惟白菜須新摘肥嫩者色青則老摘
久則枯

香珠豆

毛豆至八九月間晚收者最闊大而嫩號香珠
豆煮熟以秋油酒泡之出殼可帶殼亦可香軟

隨園食單〈卷三　雜素菜單〉　三一

可愛野簑常之豆不可食也

馬蘭

馬蘭頭菜摘取嫩者醋合筍拌食油膩後食之
可以醒脾、

楊花菜

南京三月有楊花菜柔脆鹽滾菜相似名甚雅

問政筍絲

問政筍即杭州筍也撥州人送者多是淡筍乾

煮筍烘乾上桌擬人食之驚為異味余笑其如

夢之方醒也

隨園食單　【卷三　雜素菜單】　素

只好泡爛切絲用雞肉湯煨用龔司馬取秋油

炒雞腿蘑菇

蕉湖大庵和尚洗淨雞腿蘑菇去沙加秋油酒

炒熟盛盤寞客甚佳

猪油煮蘿蔔

用熟猪油炒蘿蔔加蝦米煨之以極熟為度臨

起加蓋花色如琥珀

小菜單　小菜佐食如府史胥徒佐六官也
醒脾解濁全在于斯作小菜單

筍脯

筍脯出處最多以家園所烘為第一取鮮筍加

鹽者熟上籃烘之須晝夜環看火不旺則溲

欲用清醬者有色微黑春筍冬筍皆可為之

天目筍

天目筍多在蘇州發賣其竹箬面者最佳下

二十便撰入老根極箭矣須山重價專買其

面者數十條如集狐成腋之義

玉蘭片

以冬筍烘片微加蜜言蘇州孫春楊家有鹹甜

二種以臨者為佳

素火腿

處州筍脯號素火腿即處州筍也人之太硬不妙

隨園食單　【卷三　小菜單】　小菜單

隨園食單　卷三　小菜單　三

貢毛筍自烘之爲妙

宣城筍脯

宣城筍尖色黑而肥與天目筍大同小異極佳

人參筍

製緞筍如人參形微加蜜水揚州人重之故價
頗貴

筍油

筍十斤烝一日一夜穿通其節鋪板上如作豆
腐法上加一板壓而笱之使汁水流出加炒鹽
一兩便是筍油其筍晒乾仍可作脯天台僧製
以送入

糟油

糟油出太倉州愈佳

蝦油

買蝦子數斤全秋油入鍋熬之起鍋用布瀝出
秋油仍將布包蝦子全放罈中盛油

隨園食單　卷三　小菜單　三十

刺虎醬

秦椒擣爛和甜醬蒸之可屑蝦米攙入

熏魚子

熏魚子色如琥珀以油重爲貴出蘇州孫春楊
家愈新愈妙陳則味變而油枯

醃冬菜黃芽菜

醃冬菜黃芽菜淡則味鮮鹹則味惡然欲久放
則非鹽不可常醃一大罈三伏時開之上半截
雖臭爛而下半截香美與常色白如玉芬芳相
士之不可但觀皮毛也

萵苣

食萵苣有二法新醬者鬆脆可愛或醃之爲脯
切片食甚鮮然以淡爲貴鹹則味惡矣

香乾菜

春芥心風乾取梗淡醃晒乾加酒加糖加秋油
拌後再加烝之風乾入瓶

冬芥

冬芥名雪裹紅一法整醃以淡爲佳一法取心
風乾斬碎醃八瓶中熟後放魚羹中極鮮或用
醋煨入鍋中作辣菜亦可煮鰻煮鯽魚最佳

春芥
取芥心風乾斬碎醃熟八瓶號稱挪菜

芥頭
芥根切片入菜同醃食之甚脆或整醃晒乾作
脯食之尤妙

芝蔴菜
醃芥晒乾斬之碎極蒸而食之號芝蔴菜老人
所宜

腐乾絲
將好腐乾切絲極細以蝦子秋油拌之

風癟菜
將冬菜取心風乾醃後筍出滷小瓶裝之泥封

其口倒放灰上夏食之其色黃其嗅香

糟菜
取醃過風癟菜以菜葉包之每一小包鋪一面
香糟重疊放壜內取食時開包食之糟不沾菜
而菜得糟味

酸菜
冬菜心風乾微醃加糖醋芥末帶滷入罐中微
加秋油亦可席間醉飽之餘食之醒脾解酒

臺菜心
取春日臺菜心微醃加筍出其滷裝小瓶之中夏
日食之風乾其花即名菜花頭可以烹肉

大頭菜
大頭菜出南京承恩寺愈陳愈佳入葷菜中最
能發鮮

蘿蔔
蘿蔔取肥大者醬一二日即喫甜脆可愛有候

尾能製為臡鮝藏片如蝴蝶長至丈許連翩不斷

亦一奇也承思寺有賣者用醋為之以陳為妙

　乳腐

乳腐以蘇州温將軍廟前者為佳黑色而味鮮

有乾濕二種有蝦子腐亦鮮微嫌腥耳廣西白

乳腐最佳王庫官家製亦妙

　醬炒三果

核桃杏仁去皮榛子不必去皮先用油炮脆再

下醬不可太焦醬之多少亦須相物而行

　醬石花

將石花洗淨入醬中臨喫時再洗一名麒麟菜

　石花糕

將石花熬爛作膏仍用刀畫開色如蜜蠟

　小松菌

將清醬全松菌入鍋滾熟收起加蔴油入鑵中

可食二日久則味變

隨園食單　卷三　小菜單　三十

吐蚨

吐蚨出興化泰興有生成極嫩者用酒娘漬之

加糖則自吐其油名為泥螺以無泥為佳

　海蟄

用嫩海蟄甜酒浸之頗有風味其光者名為白

皮作絲酒醋同拌

　蝦子魚

子魚出蘇州小魚生而有子生時烹食之較美

　醬薑

生薑取嫩者微醃先用粗醬套之再用細醬套

之凡三套而味成古法用蟬退一個入醬則薑

久而不老

　醬瓜

將瓜醃後風乾入醬如醬薑之法不難其甜而

難其脆杭州施魯箴家製之最佳據云醬後還

隨園食單　卷三　小菜單　三十

乾又醬故使皮薄而皺上口脆

新蠶豆

新蠶豆之嫩者以醃芥菜炒之甚妙隨采隨食

方住

醃蛋

醃蛋以高郵為佳顏色紅而油多高文端公最
喜食之席間先夾取以敬客放盤中總宜切開
帶殼黃白兼用不可存黃去白使味不全油亦

隨園食單 卷三 小菜單 三一

走散

混套

將雞蛋外殼敲一小洞將清黃倒出去黃用
清加濃雞滷煨就者拌入用著打勻久使之融
化仍裝入蛋殼中上用紙封好飯鍋蒸熟剝去
外殼仍渾然一雞卵也味極鮮

裝瓜脯

裝瓜入醬取起風乾切片旋醃脆筍脯一侶

牛首腐乾

豆腐乾以牛首僧製者為佳但山下賣此物者
有七家惟曉堂和尚家所製方妙

醬王瓜

王瓜初生時擇細者醃之入醬脆而鮮

隨園食單 卷三 小菜單 三一

點心單　梁昭明以點心餉蕭儼卿謂菜之
點心單　叔且點心由來舊矣作點心單

鰻麵
大鰻一條蒸爛拆肉去骨和入麵中入雞湯清
揉之幹成麵皮小刀劃成細條入雞汁火腿汁
蘑菇汁滾

溫麵
將細麵下湯瀝乾放碗中用雞肉香蕈濃滷臨
喫各自取瓢加上

裙帶麵
以小刀截麵成條微寬則號裙帶麵大概作麵
總以湯多滷重在碗中望不見麵為妙寧使食
畢再加以便引人入勝此法揚州盛行恰甚有
道理

素麵
先一日將蘑菇蓬熬汁定清次日將筍熬汁加

麵滾上此法揚州定慧菴僧人製之極精不肯
傳人然其大概亦可倣求其湯純黑色或云暗
用蝦汁蘑菇原汁只宜澄去泥沙不可換水一
換水則腥味薄矣

褢衣餅
乾麵用冷水調不可多揉幹薄後捲攏再幹薄
了用豬油白糖鋪勻再捲攏幹成薄餅用豬油
煎黃如蝦臈的用蔥椒臨亦可

蝦餅
生蝦肉蔥鹽花椒甜酒腳少許加水和麵香油
灼透

薄餅
山東孔藩臺家製薄餅薄若蟬翼大若茶盤柔
膩絕倫家人如其法為之卒不能及不知何故
秦人製小錫罐裝餅三十張每客一罐餅小如
柑罐有蓋可以貯煨用炒肉絲其細如髮蔥亦

如之猪羊並用號曰西餅

松餅
南京蓮花橋教門方店最精

麵老鼠
以熱水和麵俟雞汁滾時以箸夾入不分大小
加活菜心別有風味

顛不稜即肉餃也
糊麵攤開裹肉為餡蒸之其討好處全在作餡
余到廣東吃
官鎮臺顛不稜甚佳中用肉皮煨膏為餡故覺
軟美

肉餛飩
作餛飩與餃同

韭合
韭白拌肉加作料麵皮包之入油灼之麵內加
酥更妙

隨園食單　〔卷四　點心單〕　（二二）

隨園食單　〔卷四　點心單〕　（二三）

麵衣
糖水糊麵起油鍋令熱用箸夾入其作成餅形
號曰軟鍋餅杭州法也

燒餅
用松子胡桃仁敲碎加水糖屑脂油和麵炙之
以兩面黃為度而加芝蔴扣兒會做薆羅至四
五次則白如雪矣須用兩面鍋十下放火得奶
酥更佳

千層饅頭
楊參戎家製饅頭其白如雪揭之如有千層金
陵人不能也其法揚州得之常州無錫亦得其

牛

麵茶
熬粗茶汁炒麵兌入加芝蔴醬亦可加牛乳亦
可微加一撮鹽無乳則加奶酥奶皮亦可

酪

隨園食單　〔卷四　點心單〕　四

擣杏仁作漿挍去澄拌粉加糖熬之

粉衣
如作麵衣之法加糖加鹽俱可取其便也

竹葉粽
取竹葉裹白糯米煮之尖小如初生菱角

蘿蔔湯圓
蘿蔔刨絲滾熟去臭氣微乾加蔥醬拌之放粉團中作餡再用麻油灼之湯滾亦可春圓方伯家製蘿蔔餅叫見學士曾可照此法作韭菜餅野雞餅試之

水粉湯圓
用水粉和作湯圓滑膩異常中用松仁核桃豬油糖作餡或嫩肉去筋絲捶爛加蔥末秋油作餡亦可作水粉法以糯米浸水中一日夜帶水磨之用布盛接布下加灰以去其澄取細粉晒乾用

隨園食單　【卷四　點心單】　五

脂油糕
用純糯粉拌脂油放盤中蒸熟加冰糖捶碎入粉中蒸好用刀切開

雪花糕
蒸糯飯搗爛用芝蔴屑加糖爲餡打成一餅再切方塊

軟香糕
軟香糕以蘇州都林橋爲第一其次虎邱糕西施家爲第二南京南門外報恩寺則第三芙

百果糕
杭州北關外賣者最佳以粉糯多松仁胡桃而不放橙丁者爲妙其甜處非蜜非糖可暫可久家中不能得其法

栗糕
煮栗極爛以純糯粉加糖爲糕蒸之上加瓜仁松子此重陽小食也

隨園食單　【卷四　點心單】　六

青糕青團

抱青章為汁和粉作糕團色如碧玉

合歡餅

蒸糯為飯以木印印之如小珙璧狀入鐵架烙之微用油方不粘架

雞豆糕

研碎雞豆用微粉為糕放盤中蒸之臨食用小刀片開

隨園食單　〈卷四　點心單〉　七

雞豆粥

磨碎雞豆為粥鮮者最佳陳者亦可加山藥茯苓尤妙

金團

杭州金團鑿米為桃杏元寶之狀和粉擛成入木印中便成其餡不拘葷素

藕粉百合粉

藕粉非自磨者信之不真百合粉亦然

麻團

蒸糯米搗爛為團用芝麻屑拌糖作餡

磨芋粉晒乾和米粉用之朝天宮道士製芋粉

芋粉團

園野雞餡極佳

熟藕

藕須貫米加糖自煮並湯極佳外賣者多用灰水味變不可食也余性愛食嫩藕雖軟熟而以齒決故味在也如老藕一煮成泥便無味矣

隨園食單　〈卷四　點心單〉　八

新栗新菱

新出之栗爛煮之有松子仁香廚人不肯煨爛故金陵人有終身不知其味者新菱亦然金陵人待其老方食故也

蓮子

建蓮雖貴不如湖蓮之易煮也大抵小熟抽心去皮後下湯用文火煨之燜住合恭不可開觀

不可停火如此兩炷香則蓮子熟時不生骨矣

芋

十月天晴時取芋子芋頭曬之極乾放草中勿
使凍傷春間煮食有自然之甘俗人不知

蕭美人點心

儀真南門外蕭美人善製點心凡饅頭糕餃之
類小巧可愛潔白如雪

劉方伯月餅

隨園食單【卷四　點心單　九

用山東飛麵作酥為皮中用松仁核桃仁瓜子
仁為細末微加冰糖和豬油作餡食之不覺甚
甜而香鬆柔膩迥異尋常

陶方伯十景點心

每至年節陶方伯夫人手製點心十種皆山東
飛麵所為奇形詭狀五色紛披食之皆甘令人
應接不暇薩制軍云紫孔方伯之薄餅而天下之
薄餅可廢矣陶方伯十景點心而天下之點心

可廢矣陶方伯亡而此點心亦成廣陵散矣

麵

楊中丞西洋餅

用雞蛋清和飛麵作稠水放碗中打銅夾剪一
把頭上作餅形如碟大上下兩面銅合縫處不
到一分生烈火撩稠水一糊一夾一熯頃刻成
餅白如雪明如綿紙微如冰糖松仁屑子

白雲片

隨園食單【卷四　點心單　十

白米鍋巴薄如綿紙以油炙之微加白糖上口
極脆金陵人製之最精號白雲片

風枵

以白粉浸透製小片入豬油灼之起鍋時加糖
糝之色白如霜上口而化杭人號曰風枵

三層玉帶糕

以純糯粉作糕分作三層一層粉一層豬油白
糖夾好添之蒸熟切開蘇州人法也

運司糕

盧雅雨作運司年已老矣揚州店中作糕獻之
大加稱賞從此遂有運司糕之名色白如雪點
胭脂紅如桃花微糖作餡淡而彌旨以運司衙
門前店作為佳他店粉粗色劣

沙糕

糕粉蒸糕中夾芝蔴糖屑

小饅頭小餛飩

揚州物也揚州發酵最佳手捺之不盈半寸放
鬆仍隆然而高小餛飩小如龍眼用雞湯下之

雪蒸糕法

作饅頭如胡桃大就蒸籠食之每箸可夾一雙

隨園食單 【卷四 點心單】 二十

每磨細粉用糯米二分粳米八分為則一拌粉
將粉置盤中用涼水細細酒之以揸則如團撒
則如砂為度將粗麻篩篩出其剩不塊揸碎
于篩上盡出之前後和勻使乾濕不偏秸以山

覆之勿令見風乾日燥聽用（水中醫）併上洋糖剝
桃兒糕法同一錫圈及錫錢俱宜洗剝極淨臨時墨
將香油和水布蘸拭之每一盞後必一洗一成
一錫圈內將錫錢安先鬆薄粉一小半將果
餡輕置當中後將粉鬆裝滿圈輕輕擋平套湯
瓶上蓋之視麵鬆直衝為度取用一湯瓶宜
圈後去錢餡以胭脂兩圈更遞為度用一湯瓶宜
洗淨置湯分寸以及肩為度然多滾則湯易涸
宜留心看視燗熟水頓添

作酥餅法

冷定脂油一碗開水一碗先將油同水攪勻入
生麵儘揉要軟加擀成餅一樣外用熟麵入脂
油合作一處不要硬了然後將生麵做團子如
核桃大將熟麵亦作團子略小一暈再將熟麵
團子包在生麵團子中揸成長餅長可八寸寬
二三寸許然後拆疊如碗樣包上穰子

隨園食單 【卷四 點心單】 二十一

天然餅

涇陽張荷塘明府家製天然餅用上白飛麵加
微糖及脂油為酥隨意搦成餅樣如碗大不拘
方圓厚二分許用潔淨小鵝子石襯而熯之隨
其自為凹凸色半黃便起鬆美異常或用淡鹽
亦可

花邊月餅

明府家製花邊月餅不在山東劉方伯之下余
常以轎迎其女廚來園製造看用飛麵拌生豬
油千團百搦才用棗肉嵌入為餡裁如碗大以
手搦其四邊菱花樣用火盆兩個上下覆而炙
之棗不去皮取其鮮也油不先熬取其生也含
之上口而化甘而不膩鬆而不滯其工夫全在
搦中愈多愈妙

製饅頭法

偶食龍明府饅頭白細如雪面有銀光以為是
北麵之故龍云不然麵不分南北只要羅得極
細羅篩至五次則自然白細不必北麵也惟做
酵最難請其庖人來教學之卒不能鬆散

揚州洪府粽子

洪府製粽取頂高糯米撿其完善長白者去其
半顆散碎者淘之極熟用大箬葉裹之中放好
火腿一大塊封鍋悶煨一日一夜柴薪不斷食
之滑膩溫柔肉與米化故云卽用火腿肥者斬
碎散置米中

飯粥單　詞飯本也餘菜末也本
立而道生作飯粥單

飯

王恭云嚥者百肴之將餘則曰飯者百味之本

隨園食單　☐卷四飯粥單☐　五

詩稱釋之溲溲蒸之浮浮是古人亦嘗蒸飯然
終嫌米汁不在飯中善煮飯者雖煮如蒸依舊
顆粒分明入口軟糯其訣有四一要米好或香
稻或冬霜或晚米或觀音秈或桃花秈舂之極
熟霉天風攤播之不使䊆發疹一要善淘淘
米時不惜工夫用手揉擦使水從籮中淋出竟
成清水無復米色一要用火先武後文悶起得
宜一要相米放水不多不少燥濕得宜往往
富貴人家講菜不講飯逐末忘本真為可笑余
不喜湯澆飯惡失飯之本味故也湯果佳寧一
口嚥湯一口嚥飯分前後食之方兩全其美不
得已則用茶用開水淘之猶不奪飯之正味飯
之百在百味之上知味者遇好飯不必用菜

粥

見水不見米非粥也見米不見水非粥也必使
水米融洽柔膩如一而後謂之粥尹文端公曰
寧人等粥毋粥等人此真名言防停頓而味變
湯乾故也近有為鴨粥者入以葷腥為八寶粥
者入以果品俱失粥之正味不得已則夏用綠
豆冬用黍米以五穀入五穀尚可為若味尚葷
于某觀察家諸菜尚可而飯粥粗糲勉強咽下
歸而大病常戲語人曰此是五臟神暴落時
故自慚愧不得

隨園食單　☐卷四飯粥單☐　六

茶酒單　七碗生風一杯忘世非雅

用六清不可作蒸酒事

茶

欲治好茶先藏好水水求中泠惠泉人家中何
能置驛而辦然天泉水雪水力能藏之水新則
味辣舊則味甘嘗盡天下之茶以武夷山頂所
生沖開白色者爲第一然入貢尙不能多况民
間乎其次莫如龍井清明前者號蓮心太覺味
淡以多用爲妙雨前最好一旗一槍綠如碧玉

臨園食單　卷四　茶酒單　　七

收法須用小紙包每包四兩放石灰罈中過十
日則換石灰上用紙蓋扎住否則氣出而色味
全變矣烹時用武火用穿心罐一滾便泡滾久
則水味變矣停滾再泡則葉浮矣一泡便飲用
蓋掩之則味又變矣此中消息間不容髮也山
西裴中丞嘗謂人曰余昨日過隨園才喫一杯
好茶嗚呼公山西人也能爲此言而我見士大

夫生長杭州一入宦場便喫熬茶其苦如藥其

色如血此不過腸肥腦滿之人吃檳榔法也俗
矣除吾鄉龍井外余以爲可飲者臚列于後

一　武夷茶

余向不喜武夷茶嫌其濃苦如飲藥然丙午秋
余遊武夷到曼亭峯天游寺諸處僧道爭以茶
獻杯小如胡桃壺小如香櫞每斟無一兩上口
不忍遽咽先嗅其香再試其味徐徐咀嚼而體
貼之果然清芬撲鼻舌有餘甘一杯之後再試
一二杯令人釋躁平矜怡情悅性始覺龍井雖
清而味薄矣陽羨雖佳而韻遜矣頗有玉與水
晶品格不同之故故武夷享天下盛名真乃不
忝且可以瀹至三次而其味猶未盡

一　龍井茶

杭州山茶處處皆清不過以龍井爲最耳每還
鄉上家見管墳人家送一杯茶水清茶綠富貴
人所不能喫者也

一常州陽羨茶

陽羨茶深碧色形如雀舌又如巨米味較龍井覺濃

一洞庭君山茶

洞庭君山出茶色味與龍井相同葉微寬而綠過之採掇最少方毓川撫軍曾惠兩瓶果然佳絕後有送者俱非真君山物矣

此外如六安銀針毛尖梅片安化縣行黜落

酒

余性不近酒故律酒過嚴轉能深知酒味今海內動行紹興然紹興酒似老宿儒陳越貴盡在紹興下載大槪酒似之清酲酒之鮮以初開罈者為佳諺所謂酒頭茶腳是也頓法不及則涼次過則老近火則味變須隔水頓而謹塞其出氣處才佳取可飲者開列于後

一金壇于酒

于文襄公家所造有甜澀二種以澀者為佳一清微骨色君松花其味暑似紹興而清洌過之

一德州盧酒

盧雅雨轉運家所造色如于酒而味暑厚

一四川郫筒酒

郫筒酒清洌微底飲之如梨汁蔗漿不如其為酒也但從四川萬里而來鮮有不味變者余七飲郫筒惟楊笠湖刺史木簰上所致頗為佳絕

一紹興酒

紹興酒如清官廉吏不染一毫後而其味方真又如名士耆英長留人間閱盡滄桑故而其質愈厚故紹興酒不過五年者不可飲摻水者亦不能過五年余常稱紹興為名士燒酒為光棍者為佳

一湖州南潯酒

湖州潯酒味似紹興而清辣過之亦以過三年者為佳

隨園食單 〔卷四 茶酒單〕 三十一

一常州蘭陵酒

唐詩有蘭陵美酒鬱金香玉碗盛來琥珀光之句余過常州相國劉文定公飲以八年陳酒果有琥珀之光然味太濃厚不復為清遠之意矣宜興有蜀山酒亦復相似至于無錫酒用天下第二泉所作本是佳品而被市井人尚且為之遂至澆淳散樸殊可惜也據云有佳者恰未曾飲過

一溧陽烏飯酒

余素不飲丙戌年在溧水葉此部家飲烏飯酒至十六杯傍人大駭來相勸止而余猶頸頸未忍釋手其色黑其味甘鮮口不能言其妙據云溧水風俗生一女必造酒一罈以青精飯為之俟嫁時只剩半罈質能膠口香聞室外打甕時只剩半罈質能膠口香聞室外

一蘇州陳三白

乾隆三十年余飲千蘇州周慕菴家酒味鮮美上口粘唇在杯滿而不溢飲至十四杯而不知是何酒問之主人曰陳十餘年之三白酒也因余愛之次日再送一罈來則全然不是矣甚矣世間尤物之難多得也按鄭康成周官註盎齊云盎者翁翁然如今酇白葢即此酒

一金華酒

金華酒有紹興之清無其澀有女貞之甜無其

滓亦以陳者爲佳蓋金華一路水清之故也

一　山西汾酒

既喫燒酒以狠爲能汾酒乃燒酒之至狠者余
謂燒酒者人中之光棍縣中之酷吏也打擂臺
非光棍不可除盜賊非酷吏不可驅風寒消積
滯非燒酒不可汾酒之下山東膏粱燒次之能
藏至十年則酒色變綠上口轉甜亦猶光棍做
入便無火氣殊可交也常見童二樹家泡燒酒
十斤用枸杞四兩蒼朮二兩巴戟天一兩布紮
一月開甕甚香如喫猪頭羊尾跳神肉之類非
燒酒不可亦各有所宜也

此外如蘇州之女貞福貞元燥宣州之豆酒
通州之棗兒紅俱不入流品至不堪者楊州
之木瓜也上口便俗

저자 소개

원매 袁枚, 1716~1797

중국 청대의 시인으로 전당(錢塘, 지금의 절강 항주) 사람이다. 건륭 4년
(1739년)에 진사(进士)였으며 한림원서길사(翰林院庶吉士)를 수여받았다.
33세 때 부친이 사망하여 관직을 사임하였고 남경에 가서 어머니를 모셨다.
'수 씨(隨氏)'라는 사람 소유였던 낡은 정원을 사들여 '수원(隨园)'이라고 이
름을 지었다. 이 정원에서 어머니를 모시고 살았기 때문에 그를 '수원 선생'
이라 불렀다.
40여 년 동안 모은 음식에 관한 자료를 토대로 만드는 방법을 묶은 것과 각
계각층의 사람들과 교류하면서 인상적인 요리와 차, 술, 그리고 음식에 관
한 철학을 적어 놓은 것이 《수원식단》이다.

역자 소개

신계숙

단국대학교에서 중국어와 중국 문학을 전공하였다. 8년간 중국음식점 조리
사로 일하였고, 이화여자대학교에서 식품학으로 석사·박사학위를 받았다.
1998년부터 배화여자대학교에서 10년간 중국어통번역과 교수로 재직하였
고 지금은 전통조리과에서 중국음식을 담당하고 있다. 현재 '신계숙의 중국
요리'라는 블로그를(http://blog.naver.com/ksshin888) 운영 중이며 향후
중국의 음식 고조리서 탐독하는 것이 주관심사이다. 저서는 《중국음식기
행》과 《역사로 본 중국음식》이 있다. 논문은 〈중국의 저 변천사 ─하대에
서 청대까지〉, 〈제민요술을 통해 본 위진남북조시대의 음식풍속〉, 〈수원식
단에 나타난 원매의 음식관〉, 〈양소록에 수록된 조리법 고찰 ─가효편을 중
심으로〉, 〈동경몽화록을 통해 본 송대의 음식풍속〉 등 주로 중국음식 문화
중 고조리서와 관계된 것을 발표하였다.

2015년 2월 13일 초판 발행 | 2022년 8월 26일 2쇄 발행

지은이 원매 | 옮긴이 신계숙 | 펴낸이 류원식 | 펴낸곳 교문사

편집팀장 김경수 | 책임진행 김소영 | 디자인 김재은

주소 (413-120)경기도 파주시 문발로 116 | 전화 031-955-6111 | 팩스 031-955-0955
홈페이지 www.gyomoon.com | E-mail genie@gyomoon.com
등록 1968. 10. 28. 제406-2006-000035호
ISBN 978-89-363-1447-7(93590) | 값 30,000원